U0018243

百筆血淚經驗告訴你的裝修早知道

這樣裝潢不後悔

姥姥 著

01 網友齊「讚」的裝修人天堂

想瀏覽些居家布置資訊，無意間晃來了姥姥的網站。
除了非常有見地的裝潢專業建議，
姥姥對社會現況的態度更讓我無比認同，
請一直努力噢！
我會FOLLOW的 。

eden

裝潢！裝潢！多少罪惡假汝之名為之……本身因為工作時間較彈性，替親戚朋友監工了幾間房子，也和不少設計師、工班師父交手過。沒有三兩三不要自己找工班，因為要協調整合各工種形形色色的工人用各種術語溝通，真的真的不是件簡單的事，還好有姥姥的文章，在坊間只談風格的雜誌裡大大地補充了很大的一塊──**裝潢的根本！！**

BEN

經朋友推薦甫來拜讀，很開心能有機會遇上這樣優質的blog。
真的很感謝您提供的資訊，謝謝！

zulto

天哪！！！看了姥姥的文章，才發現我家的天花板是氧化鎂板。我們搬進來住四年了，從第二年以後開始，原以為是油漆剝落，所以縫隙很明顯一格一格的，第三年結水珠，以為太濕，原來是板材被黑心了，若能早點看到姥姥的文章就好了。

Lu

好實用又實際的一篇文章
應該說姥姥的每一篇文章都很實用，切中要害。

ariel

看了姥姥的文章，覺得真是超熱血的。
對於我們這些只能看著雜誌上美美的圖片暗自傷神的人，你的部落格，又重新燃起我們的一線希望之光。
原來，我們還是可以有機會，擁有一棟優質的安身之家～～～
只要，我們肯花一點時間，
多學一點～～

Liцen

本人已有兩次裝修房屋的經驗，過程都是不爽收場，第一次遇到了類流氓的老闆，第二次，又碰到天下第一爛人，所以，我非常同意您的說法，可怕的台灣裝潢市場，處處是地雷，**偶然間發現了「我很後悔」單元，非常實用。**

Cath

好開心，在這裡為洩氣的心找到可以重新振作的士氣，找設計師或統包半年以上了，挫折與無奈頗多，謝謝你有心做這樣的分享，讓有需要的人有增加基本概念的管道，當然也謝謝台灣各角落裡，默默堅守崗位的一份子，讓有心又有需要的人，仍然有機會碰上好師傅們。

Cherry

我正在找資料翻修老屋，
你的文章幫了好大一個忙。
非常感恩喔！
這裡真是需要裝修人的天堂！

—Eileen

謝謝您無私的分享，**對我這種完全外行但
卻打算稍事整修家裡衛浴水電的徬徨主婦
而言，就好像看見一盞明燈。**

—Lucy

很喜歡妳的部落格，最近在裝潢新家，從
妳這裡學到很多！
新家決定要採用美式鄉村風，讓小朋友回
家有溫馨的感覺。
有妳這個部落格，好似一盞明燈
讓我的家，能溫馨成形。

—菲菲

文中提及的和室、天花板、間接燈源等問
題，在我的周遭都有血淋淋的實例，所以
目前規劃新家也儘量避開這些。

—小歐

對於一輩子可能只會碰到一次的事情，真
的需要前人留下來的足跡，**我沒有多出來
的200萬，但找到姥姥的熱情和正義，**才
有現在一步步建築理想國的小樂趣。
真的很謝謝妳！

—Anchor

因為想買房子，所以努力看了一些有關裝
潢書&網頁，**看到姥姥寫的「找出核心
區」，真的很讚！**讓我對家又有了新的認
識。

—meggie

我是設計師，之前在紐約工作，去年才搬
回台灣。
台灣消費者受到媒體的荼毒之深，實在難
以形容。大多數人似乎把家和旅館，餐
館，樣品屋……通通都混在一起了。
好似一個家有個像旅館房間的臥室，有個
像餐館的餐廳，有個像SPA的衛浴
……等等，就是好設計。和設計師討
論時，總是談風格，豪宅這個字眼，動不
動就掛在嘴邊。說真的，不僅不習慣，甚
至有厭惡之感。
**「採光通風比風格重要」，妳算是點到重
點。**一個無法讓人舒適的空間，視覺上再
怎麼美，都是失敗的。可悲的是，大多數
的設計師都沒有這樣觀念，甚至不認同。

—CHL

能看到這個網站真是幸運，幫了我很大的
忙，只是上來説謝謝，姥姥加油！

—STAR

I enjoy reading your blog, so humane
and interesting.

—Della Chuang

PREFACE 02　我們只是想要一個家

告訴你吧，世界
我－不－相－信！
縱使你腳下有一千名挑戰者，
那就把我算作第一千零一名。

我不相信天是藍的，
我不相信雷的迴聲，
我不相信夢是假的，
我不相信死無報應
——中國詩人北島《回答》

姥姥我有個部落格叫「一桌四椅的生活」，其中寫了個【我很後悔】系列文章，也就是這本書的前身。

一開始是從我的老家經驗寫起，寫到後來，愈來愈興旺（這不知算好還是不好），不少網友跟我分享他們家悲慘的故事，也有不少師傅跟我分享正確工法。我發現這世上雖然有岳不群、成昆、朱長齡，但好人郭靖、小昭、虛竹也不少，他們無私的分享經驗，只希望大家引為借鏡，真是為他們拍拍手。

姥姥說過了，我現在寫的文章都是給沒錢的人看的，不是歧視有錢人，的確也有花了550萬元還被誆的，但與沒錢的人相比，機率低很多。

我相信跟我一樣的人應不少，夫妻都要工作，要養小孩養爸媽，還要存錢買房子，另外支付每個月的置裝費、化妝費、咖啡錢與喝個小酒錢（還是要顧到情調，才能好好活下去啊）；好不容易省吃儉用存了10幾年的錢，打算買房子時，才發現：什麼，1000萬買不到3房，啊，還買不到新房子，終於在地點與存款簿之間找到平衡，但要整理房子時，才發現口袋空空。

以下是網友Ray的留言，我覺得真是講到我們的心坎了

我想起了三年多前的裝潢騙子，
有時遺忘，有時歷歷在前，
彷彿昨天的事，
靠著堅信的信仰，
走過這一段，學會放下^O^
我們不是大企業家，
不是商人老闆賺著黑心錢，
只是個小市民，安份守己地過著上班族的生活，為五斗米「撐」腰；
努力工作些年才存了錢買了房子，
幻想著家如何規劃，卻遇到了不法的工班
————網友Ray

我不贊成一買房子就不管三七二十一要裝潢，這是種病態式的、被催眠的無意識動作；但我也不否認，買了中古屋，為了住得更舒適安全，還是要整理房子，但我們這一族的手中已沒幾個錢了，請不起A咖設計師，也請不起B咖設計師，最後只能找工班（也有的是自認請到A咖設計師，結果也是工班的等級）。但找了工班後，還得戰戰兢兢擔心受怕工程不良。

我們只是想換回一個家，為什麼從買房子到裝潢，都得承擔政府無能的苦果？

今天我們不是要求多好的工法、多頂級的建材，我們只是要「普通」、「安全」的

基本等級,這會很難做到嗎?但我也知道不能只怪工班,很多也是為了生存,為了養活家中4個小孩,即使屋主在亂砍價,他們只好硬著頭皮接案,然後從材料上偷工。屋主不懂自己手上預算能做多少,卻一直要求這要求那,就造成**兩個最沒錢的族群彼此廝殺,真的很可悲。**

如同北島的詩,我不相信台灣的裝潢市場可以一直黑下去,我不是說所有的設計師或工班都是黑的爛的,其實9成都是好的,只是好的設計師都有點小貴,實在不是小人物的我們可以接觸到的;再加上媒體置入性行銷實在太嚴重,設計師敢賺就有錢,有錢就能買媒體,明明很黑還被當成知名設計師;而整個設計界與政府又沒有一套可行的監管制度,許多黑的爛的就在市場上趴趴走。然後,我要找人裝潢時,好死不死,就遇到那一兩個黑的爛的。

靠人不如靠己,我們來自力救濟吧,許多問題只是資訊不足造成的結果,尤其是裝潢工法的介紹,就像撒哈拉沙漠般貧瘠。

於是,我拿起筆,向天地借膽,我們不懂裝潢,不懂建材,不懂工法都沒關係,只要你看得懂中文就好。

我寫下自己與各熱心網友的後悔經驗,讓大家看看什麼叫世界奇觀,粗心的師傅會搞出什麼你想都想不到的做法,希望大家當心提防;另外再加上好心的專家解盤,告訴大家各項工法應該怎麼做較好,我也跑了好幾場工地拍回照片,希望大家能藉由「現場直播」更加了解工法。

我不敢說這樣做以後會完全終結裝潢悲劇,但至少,我們來降低它的發生率。

先講件事,我老人家記憶不好,長達半年的寫作,前後篇可能會看到一樣的笑話,或是像個老媽子(其實,我本來就是)一再碎碎念類似的理念,請見諒。

再來,**我不是專家,跟我對談的人才是專家。**我對工法的瞭解究竟沒有專家那麼透徹,很希望大家能一起討論,歡迎到我的網站來坐坐,我會泡好茶招待大家。

最後,此系列文章能完成,真的要謝謝一群無私的人(在找人講工法時,姥姥遇到很多阻礙,唉),感謝名單附於文後,若不是他們的大氣度,你現在不會看到保護自己家的方法。

也謝謝今硯設計張主任、設計師林逸凡、集集設計王鎮與阮春華、敘榮工作室洪敘倫、律師謝天仁等人幫忙校稿。

還有我的家人,雖然一直抱怨我為了寫書而拋夫棄子,但還是溫暖地包容著我。

謝謝,所有在這段日子裡陪著我的人。

■ 謝謝以下工班與設計師提供諮詢 ■

工班 ▶ 木作陳鄭全師傅 0918621991、木作廖師傅(google 搜尋 carpenterliao)、木作楊政奇師傅 0956226261、泥作頑石宅修李先生 0939176053、配電技術士敘榮工作室、配電技術士 Monster(臉書 monster.power.94)
設計師 ▶ 今硯設計張主任 0927686718、亞凡設計林逸凡 0929102875、左木設計孫銘德(atagsun@gmail.com)、集集設計王鎮 02-87800968
其他 ▶ 消基會前董事長謝天仁律師、尤噠唯建築師 02-27620125 及眾多網友

裝修前

PartA 工班好！設計師好？

PartB 裝潢流程大解析　030

不後悔裝修書

PartA 拆除工程　034

PartB 水電工程　056

PartC 冷氣工程　100

PartD 泥作工程　114

Chapter
3

裝修保命符──
抓預算＋擬合約

關於居家，我想說的是……

姥姥不是設計師，也不是什麼空間設計專家，似乎沒格對空間說些什麼。只是因為自己的家之前動線很糟糕，又沒什麼錢改造，所以，只好多看看別人家是怎麼弄的。

一開始從買家居雜誌開始（我手邊就有好幾本百大設計師），後來因工作的關係，開始登門入室去看；再後來，每周都要去找房子看不同的設計；再再後來每周要看3～5間房子；再再再後來，不僅國內的要看，連國外的家居雜誌、書籍、設計網站也要參考。

繞了一圈後，姥姥頭髮都白了，才發現前幾年的路都白走了，前幾年買的百大設計師都白買了。從現在的角度來看，其實看了1000多間的空間設計，跟看10間是差不多的；看了10幾本百大設計師，跟看1本也是差不多的。

因為台灣的設計個案多長得很像，都是以硬體式裝潢為主要設計思惟，會造成這樣的結果，不是我們缺少好的設計師，而是缺乏多元的家居觀念；就像若家長仍認為成績好才能出人頭地，教育政策怎麼改，都無法減少孩子的讀書壓力。

我們對居家空間的想像，多半是靠媒體教育出來的。因為你無法天天去別人家逛嘛，只好看報紙翻雜誌看電視。但無奈的是，台灣家居媒體逾9成是同樣的角度出發，全體催眠著裝潢的概念，只是分高檔次或低檔次而已。

更慘烈的是，設計師氾濫到良莠不齊。一大部分的設計師只會用或習慣用工程來解決問題，造成在台灣硬體裝修費用往往高於軟件的布置，尤其是木作工程，你去問問親朋好友的裝潢，木作費用是不是都超過5成，甚至高達8成；有的則是屋主覺得不做木作，「看起來不像有裝潢過」，也是一個給他昏倒。

對於居家，**我最想說的是，其實家美不美麗，並不是最重要的。**

我知道大家看那麼多的居家裝潢書籍，就是希望能有個美美的家，但真正好住的家，絕對不只是表面的美麗而已。

以下，是我個人覺得也很重要的思惟，請在裝潢前思考這些問題。先聲明，我並不是想「推翻」傳統的家居想法，傳統想法還是有很好的部分。只是有些觀念要先知道了，才有機會實現家的另一種面貌，另一種可能。

格局不是只有三房兩廳而已

家，原本就應是符合屋主的需求功能而延伸出客廳、餐廳、臥室等，但在制式格局的洗腦下，大多數人想都不想，就開始在平面圖畫上客廳、餐廳、書房等，也不管家裡坪數多大，結果每間房都小小的。

其實，所有的空間功能都是可以捨去的，沒有客廳，沒有餐廳，沒有廚房，沒有臥室，沒有書房，沒有和室，不是看樣品屋有的空間，自己家裡也要有。

當你不要執著於傳統格局的配置，家才有機會符合自己的需求。像我家就沒有客廳，我把原本的客廳改成餐廳兼書房，從此，生活習慣也跟著改變，有興趣者，可去看我個人網站上《我家沒客廳》一文。

找出核心區

所謂核心區是指一家人花最長時間待的空間，再依此來定家裡的主格局。如：看電

我家原本是客廳的地方，變成一張大餐桌當主角。不要執著於傳統格局的配置，你家才有機會符合自己的需求。

我有個部落格「一桌四椅的生活」，歡迎大家來坐坐，我會泡好茶招待大家。

視花最多時間，核心區就是客廳；吃飯都吃得很久，核心區就是餐廳；最喜歡玩床上運動，咳咳，當然就是臥室了。

核心區的設計越動人，家人就越願意待著，可以引誘宅男或宅童邁出房門，不要窩在房間裡。家人彼此互動多一點，一整天在外頭的好事或鳥事就有人聽了，自己的心情可以穩定，家人的感情也會更好。

分配格局大與小

採光最好的地方與最大空間給核心區；日光會讓人精神向上，培養出樂觀的心境（但此自然光是溫柔的，不是西曬那款的）。在自然光充足的空間裡，人會覺得很舒適。

家裡若是小坪數，不到25坪，要放大核心區的空間，就得縮減別的空間或機能。如客廳要放大，主臥室就可能變小；不要想什麼格局都有，但可利用多功能空間或是開放式設計，如客廳兼書房、結合客餐廳等，都可以再放大空間。

通風採光比風格重要

通風採光不好，花再多錢裝潢的房子一樣住得不舒適。什麼叫通風好，一般人常會誤以為有開窗就叫通風，不是的，而是要有2面牆以上開窗，要有出風口與進風口，空氣能流動，才叫通風。

相信我，屋子只要有好的採光與通風，就算室內什麼裝潢都沒有，或家具就在社區醜醜的家具行買的，你還是會住得很舒服。家裡有陽光就很漂亮，有風徐徐地吹，你就會覺得這世上真的沒什麼大不了的；若再加盞燈與一張椅子，連寂寞都可以被撫平。

其實，這些都可不必做

很多工程都不是「必需品」，例如不一定要做天花板：國外許多家裡是沒有天花板的，吊燈的燈線全走明線，也很好看；不一定要做間接照明，不一定要做主燈，我

在家裡找個居心地，來觀看自己的心。人生有許多事，還是得靠自己跟自己協商。圖為我家陽台，我個人的居心地。

們可以靠立燈或桌燈、壁燈，來滿足照明需求；也不一定要做木作櫃，櫃子有許多種形式，打開IKEA的型錄，你就可以找到更省錢又好看的設計。

設計不要太滿，做七分就好

全室交給設計師設計，通常會設計味太濃，不管是有品的或沒品的，都會太像樣品屋，最好只做七分，剩下的要自己布置，才易有個人風味。

先把百大設計師雜誌放一邊

姥姥以前都建議先從百大設計師或買本家居雜誌來入門，現在完全不建議這麼做，因為一、現在家居雜誌或網站內容幾乎都是用買的，有錢就有版面，而無關設計能力；且部分設計師還搞不懂居家的意義，卻很會買廣告上雜誌；二、對新手而言，短時間內看太多的設計案，看不出門道就算了，還常常看愈多愈混亂，到最後，完全不知道自己喜歡什麼。

為自己安個居心地

這是在家裡找個地方，小地方即可，來觀看自心。我覺得買個百坪房子，為的就是這一坪不到的小地方。它會給心一個力量，即使我們反叛了整個世界，或者倒過來，是世界遺棄了我們，so what，我們仍能好好地活著。

「居心地」可以是張椅子，可以是沙發一角、面窗的窗台或1平方米大的地板。最好是個可以獨處的地方，要在這打坐看書喝茶都行，也可以什麼都不做就發呆。但姥姥覺得打坐，數著自己的呼吸，讓心靜下來的感覺，真的很美好。非常建議大家在家裡留個這樣的小地方試試看。

OK，以上都想好8成後，就可以找設計師或工班了，預祝各位都能打造出最貼近自己原型的家。

Chapter

1

裝修前

選設計師還是工班，
就像要嫁給葛優or金城武？

我有個blog叫「一桌四椅的生活」，常有網友問如何找工班或設計師；姥姥了解，要在情人間二選一，的確是十分困難的事。

我常說設計師像金城武，長得好看，但工法跟金城武的演技一樣，演得好不好要看跟著哪個導演，在王家衛的鏡下演得頂好，其他就不予置評；設計師也一樣，工法好不好，要看配合的工班，以及很重要的，管不管得住工班。

好的工班像葛優，演技比金城武好，但長相就差了一點。不過工法ok的，不代表他會懂風格，整體空間配置你要靠自己，但基礎工程可以交給他。

我常想，若找設計師與工班，就像找醫師跟藥局的話，不知多好？醫生與藥局當然也有黑心的，但9成有一定水平。我們若要治感冒，很少在找醫師或藥局時會心不安，或者怕醫師騙我們；若我們的家也只是想小小改個格局，弄得舒服點，不必太大的工程，我們可以安心地找自家附近的工班或設計師嗎？

很可惜的，我現在沒法給個肯定的答案，但我想改變已經開始，不是指姥姥我，而是你們：每位正在看此篇文章的屋主、設計師與工班，我們大家可以來推動一些做法，那上述的「希望」就很可能會實現。

回到主題，我們來談該找工班或設計師。

找工班？要看你有多認識自己

許多人找設計師或工班，是以有錢沒錢來決定。不對，姥姥建議千萬別以為沒錢就要找工班，這是錯誤的。裝潢這件事雖然一定要「有錢」，但很多錢有很多錢的做法，沒什麼錢有沒什麼錢的做法。

那要以什麼來判斷呢？嗯，答案是看你有多認識自己，還有你有多閒。來看一下找工班的人要什麼條件。

在社會上打滾的人，
最大的幸福是有個屬於自己的落腳處。
————日本俵屋旅館主人佐藤年

本篇圖片提供｜集集設計

每個家都有要素，不是指格局，而是生活的重心，若是太注重裝潢，就會忽略這一點。————日本作家橋本麻里

(條件1)　你對工法的認識夠不夠格來監工

找工班的人通常是屋主自己監工，但不懂工法又要監工，通常會造成一場悲劇。你去看mobile01，有多少是為了省錢而自找工班的悲慘故事。雖然許多人也有做功課，但說實在話，裝潢知識「猶如滔滔江水綿延不絕，又有如黃河氾濫，一發不可收拾」，絕不是查個三五天就能無師自通的；工班師傅一看就知你是「空子」，不想偷工減料都覺得對不起他自己。

還好，姥姥可以幫大家惡補一下，你若看完這本書後，看得懂，恭喜你，你有慧根，至少已知監工要看什麼地方，但若仍看不懂，那建議你還是找設計師。

(條件2)　你有沒有時間監工

若你是朝九晚五工作、不進辦公室就沒錢領的上班族，也建議去找設計師；因為工班都是朝八晚六在工作，你沒在場，就跟沒人監工一樣，黑心的氧化鎂天花板都已封好了，也油漆了，難不成你還拆下來再看一次？

(條件3)　你的個性夠不夠果斷

若你在股市會追高殺低，到了停損點仍無法出手砍股票；你在菜市場會為買3把50元或30元的空心菜而思考個30分鐘；你每天會為穿哪件衣服問到老公發瘋；以上的人都不適合找工班，因為你家可能會做了拆，拆了做，做了又拆，一個插座位置換過5

次還在猶豫不定,別折磨自己與師傅了,找設計師吧!

找監工,是另一種選擇

若你真的沒錢找設計師,只能找工班,但又無法做到上面三點,那找「監工」也行。監工就是幫你負責看管工法的人,通常收費是工程費的5~10%。設計師也可以是監工,你不用付設計費,但要付監工費;另一種監工是工頭,統包工程的人,工頭通常不會獨立收監工費,他的費用是含在工程費中。但你要簽約時,請務必把這本書拿給他看,跟他講,若發生裡頭寫的「後悔案例」,照10倍費用賠償,或要無償修復到好。

通常人是這樣的,會欺生,但不敢欺負懂的人。9成的工班都不會騙人,最多是不懂工法而做錯,沒人要故意做錯的,但讓工頭知道你懂一些,還會求償,對方就會尊敬你多一點,而不敢亂來;再請工頭把每個建材拍照給你看,或你下班後,不定期突檢一下,就能降低偷工減料的機率。

你該弄懂的三種設計師

好,若你決定找設計師,則要注意你找到了什麼樣的設計師。我們不要把設計師分成A咖B咖C咖,但真的功力有差。若花了200萬還找到C咖,就好像花大把鈔票買LV卻買到仿的A貨,你會很嘔吧!

設計師分幾種,一是整體風格與工法都很好的。真的,人間極品,看他們的設計是最大的視覺享受,但設計費一坪就要5千、1萬,你預算太低他們還不接;二是設計好看,但工法不行,設計圖也不會畫,這種設計師要看有沒有搭配能力強的監工人員,若有也ok,若沒有,你就得自己找好監工;三是工法扎實,但風格設計還好,這種設計師就可以請他當監工,設計的部分你可以自己來;最後一種就是工法不行,設計也只會抄襲。別以為這種設計師很少,還滿多的,不然怎麼會裝潢糾紛一堆,更可怕的是,有的也會上電視節目或被家居雜誌封為達人。

那怎麼看設計師是哪一種?嗯,風格好不好看是很主觀的,只要你喜歡的就是好;那怎知設計師懂不懂工法?很簡單,把這本書當考題,你問對方幾個問題,看他怎麼答,就知他的底了。

不過,不管找工班或設計師,姥姥奉勸一句,**找不太熟的人比較好**,因為若是朋友,或誰誰誰的誰誰誰,很多話你會不好意思說,最後只會鬧得不歡而散。

若你有時間,也了解姥姥寫的工法,個性也果斷,那就找工班吧!我要提醒的是,你可能會省下10幾萬,但會花掉你許多時間與精力;若覺得值得,就去找工班,畢竟嫁給葛優,也不一定會比嫁金城武差啊!

嫁妝[一]
挑出適合自家的照片

「我家就全權交給你了。」若這句話是出自你的口，這代表的不是你對設計師的信任，而是你是隻羊，不是村上春樹筆下那頭聰明到可控制人的外星羊，而是長得白白的、智商停留在國小畢業的肥羊。

不要怪姥姥講話太重，真的，別人就是這樣看你的。裝潢究竟不是買衣服，買錯就算了，數十萬到數百萬元在三個月內就會消失不見，要賺不易；再來，家一住就是10年20年，我們只要辛苦個半年，就能換來一輩子的幸福，這交易是非常划算的。

我們來看看當你找好工班或設計師後，哪些是屋主要做決定的事。我還是以葛優代表工班，所以這些事也就是要準備好嫁他的嫁妝。

首先，決定家的長相，要搜集喜歡的居家照片。

我們喜歡的，不代表別人懂

關於風格一事，我在網站上曾有多篇討論，雖然結論是沒有風格，不管是叫現代、鄉村或工業、復古，都沒有既定的樣子。但我們是真的有個人喜好的，有人喜歡滿家都是花花草草，有人喜歡乾乾淨淨，也有人就是喜歡破破爛爛。

重點來了：我們喜歡的，不代表別人就懂。

姥姥我常造訪別人家，有好幾次都是風格說的與現場差很多。有位屋主高興地說他們是上海風，結果，家裡只有沙發是租界風格，其他全很現代，地板還是鋪拋光石英磚；另一次，有位朋友說想找設計師，他說要找現代風格的，結果我拿照片給他選，最後選的都是美式鄉村風。

所以，要把喜歡的居家照片秀給設計師看，對方才會明白你要的是什麼。

所謂建築的光，是具有顏色、溫度、質感與深度，
並左右著當中所含人類精神的一種存在。
————日本建築師安藤忠雄

要找工班的，照片也很重要，這主要是讓對方知道你要的櫃子造型或地板樣式，以免口頭說不準，做出來的與你想的差太多。若沒有照片也可以用畫的，一定要有圖樣，消基會前董事長謝天仁律師表示，日後若有糾紛，圖樣將成官司會不會贏的關鍵。

但千萬別「任意」請工班幫你設計空間，除非你看過他設計的家，也覺得還不錯；不然，九成以上的工班美學眼光較不足，他只會大雜燴（這也是許多屋主常犯的錯），只要你喜歡的就全做在你家，完全不管搭不搭的問題。

當然，要省錢，許多事就得靠自己，就算我們美學素養也不夠，但還好有許多居家案可參考。我想許多人看到這一定會搖頭，「不是這樣的，我選了一堆照片，但根本就不可能複製成功，結果反而更加雜亂。」會有這種經驗的人不少，但失敗的原因大多是：不懂得挑照片。

挑照片4大原則

要記得，照片挑了後就要儘量百分百複製，包括地板到牆壁的顏色，同風格的家具配置等，因為別人配好的就是比較美，你才會喜歡，有時多面紅牆就會破壞掉原風格。當然，姥姥是針對像我這種美感沒天份的人說的。我的方法是讓你比較不會失敗，而且可以換回一個還算有質感的家。若是很有天份的人，歡迎自行發揮創意。

因此，選照片時，有幾項要注意：

1.為了可實現，格局要挑與家裡差不多的

家裡風格不必各廳室要完全一樣，客廳、餐廳、臥室、小孩房或浴室可以各有各的長相，但前提是這幾個空間是完全獨立的，都有牆相隔，這樣風格之間就不會混亂。這種找照片的方式最自由，風格任取任用。

若你家的客餐廳是開放式空間，或客廳與書房是開放式，或餐廳與廚房是開放式，那照片就得找同樣開放式的。千萬不要拿著Ａ設計師的客廳設計，加Ｂ設計師的餐廳設計，一加一不是都會大於一的。

2.為了省錢，挑木作少的

為什麼設計師經手的空間都會較貴，其中一個原因是木作工程多，常會高達7～8成。我們沒錢的人，要省錢，木作當然要少做點。不過，也不是說省下木作後，空間就要醜醜的。這也是常見的迷思，設計就像拿藥一樣，不是藥貴就有效，而是能治好病的，就是好藥。

家好不好看，大面積的壁地面會有決定性的影響，若你家不換地板，挑照片時，要選地板顏色與你家相近的。

3.為了好看，挑地板顏色跟你家一樣的

家好不好看，大面積的壁面、地面會有決定性的影響，因此若你家不換地板，那挑照片時，要選地板顏色與你家相近的，再根據照片來改造你家。要注意的是，客廳照片常會出現地毯，若地毯的面積很大，但你又不想買地毯，這種照片就不適合參考。

4.為了預算，挑裝潢與家具費用在你能力範圍內的

雜誌或報紙上的個案，少數會寫出裝潢費用，不要去挑那種500萬或1000萬的裝潢，若你只有100萬元，最多就挑到200多萬的案例（因為你是直接找工班的，可以省下一些費用）。

還有，沒有錢買名品家具，就儘量不要找家裡放滿Charles and Ray Eames或Hans J. Wenger等知名設計師家具的空間照片，因為許多簡單的空間之所以好看，就是因為這些名品家具散發出來的魅力，當你換成一批廉價家具後，整個感覺就會遜掉，看了只是心傷而已。

嫁妝[二]
收納大搜查！看你家藏了什麼？

在Google的搜尋欄中，打入收納兩字，會出現多少條資料呢？答案是3千3百多萬，嗯，打「存錢」就只有2百多萬條；可見收納多重要，你看，連存錢都比不上。

當然，在3千多萬條的收納文中，就已把從古到今從電視到料理罐從毛料風衣到絲質內衣，所有收納方法該寫的都寫了，所以姥姥這篇不是教收納的，但就因收納如此糾纏人心，所以提醒大家，裝潢前的良好規劃是必要的。

記錄家當，順便清理自己的人生

找好設計師或工班後，拿張A4紙，來記錄一下你家的家當有多少。千萬別偷懶，因為姥姥我自己當年就是偷懶，所以，我家收納沒設計得很好，正確說法是根本不算有收納設計，這也是我個人頗後悔的事。

記錄家當是很繁瑣的過程，但你也可以順便回味過去，把初戀情人的信再拿來感動一下（若老公非初戀者，記得把信藏好），看看第一次應徵工作的履歷，笑笑自己當時有多菜。

你也可以順便清理自己，把一年沒穿過的衣服送人，若下不了手，就放寬到兩年，兩年沒穿過的衣服，真的丟了吧；衣服不穿就是垃圾，不是把它放在衣櫃裡壓久了就會變黃金的。還有清理儲藏室時，「驚喜」發現的老袋子、股東會紀念品、生日禮物等，全丟了！凡有驚喜的，就代表你早已忘了它的存在，既然都忘了，就分手吧！

記錄家當可以用廳室的格局來細想物件的數量，如玄關、客廳、餐廳、臥室、廚房、浴室、儲藏室等，這樣較不易漏掉。有人會覺得衣服要一件件算有點麻煩，可以用現在的衣櫃大小當標準，如幾個7呎寬8呎高的衣櫃。

記錄時，不是只單純記有什麼東西，而是這東西的三圍尺寸都要記下來。有位網友最吐血的事，就是他家的電器櫃做好後，微波爐卻放不進去。別笑，真的有這種事發生。

改變家，就能改變你的生活。
——美國居家整理達人 Peter Walsh

圖片提供__尤噠唯建築師事務所

收納設計不僅實用，也能成為品味的表現方式。　圖片提供__尤噠唯建築師事務所

記下自己與家的互動關係

還有，再附錄一下你與這些東西的「互動關係」，例如，玄關一進門，你習慣把口袋中的鑰匙或零錢等物拿出來，或習慣把包包就地放下？還是拿到房裡放？在客廳看完報紙，你是習慣放在茶几下？還是放在沙發旁？還是願意走到廚房的回收區去放？這些生活習慣都要記下來，因為這牽涉到日後你家的收納設計是否實用。

許多人裝潢完後會抱怨有做收納設計跟沒做一樣，就是因為沒有跟自己的生活習慣結合，畢竟「江山易改，本性難移」，要我們改變自己去遷就收納，根本就不是件容易的事。

最好的做法是，讓收納設計遷就我們。例如你就是愛把包包放在玄關，那鞋櫃就應該設計放包包的位置，在裝潢設計是沒有什麼「不可以的」，別以為鞋櫃就只能放鞋子，它也能放包包，如果你習慣出門買東西就套一件背心，那鞋櫃還可設計個掛衣的地方。當然，一個鞋櫃沒辦法收那麼多衣物，於是配套的第二個收納櫃就需設在臥室或另個地方。

反正，完全以自己的習慣出發就對了。

不是做木作櫃才叫收納設計

姥姥我看過太多收納櫃設計一堆，但家裡還是亂成一團，為什麼？舉個之前看過的案例吧。屋主家裡有整面牆的書櫃，已住了一年，但書櫃仍很空，根本沒擺幾本書，也沒有什麼紀念展示品。對，屋主不看書，也沒有收藏癖，但他家的報紙卻

以層板替代上廚櫃的設計，雖然少了些收納空間，卻換回整體的開闊感。圖片提供＿集集設計

堆滿茶几與沙發，那何必設計書櫃？設計書櫃要錢，還會讓空間變小，不如把錢省下來，去買幾個收納籃，放在客廳茶几或沙發旁來收報紙。

再來一個例子。還未裝潢前，朋友Mei與老公的房間共有3個6呎寬7呎高的衣櫃，部分兼當收納棉被及行李箱。裝潢好後，做了一個8X7呎的系統衣櫃，因為預算的關係，就只能做一個衣櫃。想當然爾，她與老公的衣服沒地方放，於是她又買了2個便宜小衣櫃回家，放在同一房間中。自然，空間也因極不搭調的櫃子，而稱不上有美感。

像Mei家的情形，老實說，根本不該請木作師傅做木作櫃，因為木作櫃都是手工業，手工什麼意思？就是貴！預算不夠還要找貴的來做，自然就只能減量了，結果就是花了錢裝潢仍會收納不足。

面對收納設計，有個觀念一定要扭轉過來，**不是做「木作櫃」才叫收納設計**。

櫃子有很多種做法，預算有限的人應先想的是如何做足自己需要的櫃子數量，然後找出適合自己的做法（想看省錢櫃怎麼做，可翻到木作工程第202頁）。

最後想給大家的建議是，找個空間當儲藏室。儲藏室不用大，有個1坪就很好用了，可以放電風扇、行李箱、一堆雜七雜八不知放哪的東西，若把儲藏室與更衣室共用，也行。尤其是有請設計師的人，設計費的價值就在於，你找不到、看不到的空間，設計師可以找得到，而且設計得好好的給你。

POINT **04** 嫁妝[三]
學會做決定與負責

姥姥曾在過去的某段日子，追蹤過10幾個裝潢糾紛案，有的進了法院，有的只是報到消保官那裡。我看到的多是大家不想聽到的，是的，在法院判決中，很多都是屋主輸了。大部分輸的原因，是屋主無法對自己的決定負責。嗯，大家應都過了18歲吧，能買個家，應也在社會打滾了幾年，以下兩點是要自己負責的。

第一、簽約後，條約上沒保障到你的部分，就算你不知自己的權益，也沒辦法，只要簽了名，都算是你答應的。

第二、凡是因「美感」觀點不同而產生的糾紛，法律都不會理你，包括品味、色彩美醜、木皮紋理好不好看等。

別把決定權交給設計師

不管是設計師或工班，他們都是專家，但都不住你家；你家是你要住的，廚房是你在用，馬桶是你在刷（所以一定要買不沾污的），地板是你在拖⋯⋯所以，在裝潢的過程中，他們會對工法或建材提供意見，但我們要自己下決定，然後，你要對自己的決定負責。

其實，這也是老生常談的公民課程，但很多人在裝潢時，特別容易迷失自己，而且會出現生物學裡的「稚相延展」現象，明明是個大人，還跟孩子一樣，一切決定權都交給設計師，一切都是設計師說了算，最後問題就跑出來啦。

談幾個案例。

Case1 ▸ 「都是設計師當時強迫說要和室，我後來想想真的沒什麼用到，要改格局，竟要向我收費。」「那你當時有答應要做嗎？」「是有啦，但我沒知識沒法判斷，都聽他在講。」

錯了，只要當時我們有答應做和室，格局圖上有，也簽名了，改格局就要錢。我們有沒有知識，有沒有常識，看不看電視，法律都不會管妳，只要設計師有向我們說明過即可。

閒情逸致，是生活中最重要的事，
茶是閒情逸致，香味也很閒情逸致。
——日本作家白石一文

所謂住宅，或許不應太過洗鍊，太過純淨，適當地保留曖昧的空間，對屋主而言，會更自由吧！————日本建築師中村好文
圖片提供＿集集設計

Case2 ▶ 「原本覺得水泥做的家具很酷，設計師就做了水泥茶几，沒想到，太重了，根本搬不動，我想退貨退錢。」

抱歉，沒辦法，因為設計師是照我們要求給的，不好用，是我們自己的問題。

Case3 ▶ 「原本看的窗簾樣本還不錯，普普風很可愛，但沒想到一整片落地窗簾裝上去後，變得好亂，很不好看，我要求再換窗簾，工班竟然說要收費，他建議錯的，為何我要付費？」

沒錯，我們要付費，因為當時他帶你去看樣板時，是我們自己答應要裝的；雖然裝上後效果不理想，但這也是我們自己當初決定要裝的。

Case4 ▶ 「我想說為了表示我信任設計師，也希望給他好感，就先給了5萬元訂金，之後才簽設計約，但後來設計師只給了我一張最普通的平面圖，就是到我家一次，丈量後所畫出來的圖，許多尺寸還畫不準。後來，因為我與設計師意見不合，不給他做了，請他退訂金，他竟然不退。」

這個案子分兩部分來看，付訂金後，若是因為你「個人因素」不想給這位設計師做了，這訂金是要不回來的。若你覺得沒天理，那也沒辦法，因為法律是這樣規定的。所以，我建議，沒看到估價單前千萬別先付訂金，也別以為你先給錢就是代表誠意，這只是讓你自己看起來像肥羊而已。

物品背後總有些東西是無法用肉眼看到的，我相信，那就是人的靈魂。———日本設計師吉岡德仁

圖片提供＿尤噠唯建築師事務所

另一方面是簽了設計約後，到底要給幾張圖，給什麼圖，這很重要，也一定要在簽約中列明，例如：平面圖、天花板圖、水電圖、立面圖、廚具圖等，但若你簽的約裡頭什麼都沒寫，而這個約你也簽名了，即使對方只給一張圖，你也只好自己摸摸鼻子認了。

大家懂了嗎？只要是你決定的事，就不能反悔，或者說可反悔，但要付錢重改格局，若工班沒收你錢，是他好心，不是因為我們是屋主，我們是消費者，或我們是給錢的人，就比較高人一等，沒這回事，**工班、設計師、屋主，這三方面都是站在同樣的高度上。**

學會聽建議，下決定，然後負責

好的工班或設計師會跟我們講，這工法的好處與缺點，例如不鏽鋼鉸鏈的好處是不易生鏽，但缺點是貴；用一般鉸鏈的好處是便宜，但在潮濕處易生鏽；或者建議用網籃當抽屜，較透氣也便宜，但可能會覺得較cheap。那功力不足的設計師就無法提供你正反面的意見，只要你說的都好。

我們大家都是成年人了，再來劃一次重點：設計師或工班給建議，你要自己決定怎麼做，然後為自己的決定負責。

順帶一提，姥姥也建議設計師，對爭議性大的工法，解釋清楚後可請屋主簽切結書，對自己才有保障，不然，日後糾紛多，要跑法院也麻煩。

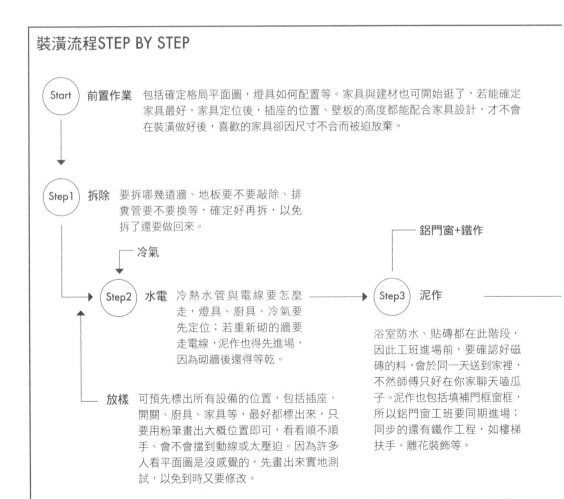

TOPICS.

裝潢流程，請你跟我這樣做

經由裝潢，我們可以把一個空間從「房子」變成「我家」。但這過程真的還滿複雜的，若是新屋還好，老屋翻新的話，中間可能有 10 幾個工班在你家輪流轉。若流程有誤，不但會多花錢，工期也會延後。

一般有請設計師或監工的，他們會安排工班，你只要注意「有沒有來施工」就好，因為之前常發生，屋主出國兩星期回來，發現家裡根本沒動工。

自己找工班的人，要安排好工班順序，例如廚具要在水電前定位，若沒定位好，插座可能無法跟電器櫃相合，不要以為廚具是最後才送到，到時決定就好，因為與水電工程相關，就得提早確定；或像冷氣管線沒拉好，木作師傅來了也無法封天花板。若師傅採點工制，來一天就要給一天錢，即使沒事做，只要錯不在他，你的錢還是得照付。

裝潢流程STEP BY STEP

Start 前置作業 包括確定格局平面圖，燈具如何配置等。家具與建材也可開始逛了，若能確定家具最好，家具定位後，插座的位置、壁板的高度都能配合家具設計，才不會在裝潢做好後，喜歡的家具卻因尺寸不合而被迫放棄。

Step1 拆除 要拆哪幾道牆、地板要不要敲除、排糞管要不要換等，確定好再拆，以免拆了還要做回來。

冷氣

Step2 水電 冷熱水管與電線要怎麼走，燈具、廚具、冷氣要先定位；若重新砌的牆要走電線，泥作也得先進場，因為砌牆後還得等乾。

鋁門窗+鐵作

Step3 泥作 浴室防水、貼磚都在此階段，因此工班進場前，要確認好磁磚的料，會於同一天送到家裡，不然師傅只好在你家聊天嗑瓜子。泥作也包括填補門框窗框，所以鋁門窗工班要同期進場；同步的還有鐵作工程，如樓梯扶手、雕花裝飾等。

放樣 可預先標出所有設備的位置，包括插座、開關、廚具、家具等，最好都標出來，只要用粉筆畫出大概位置即可，看看順不順手、會不會擋到動線或太壓迫。因為許多人看平面圖是沒感覺的，先畫出來實地測試，以免到時又要修改。

不過關於誰先誰後，只要你多問，師傅們都會跟你講，他們也不希望自己白跑一趟。

裝潢流程可分兩大部分，一是前置作業，一是施工工程。前置作業想得愈詳細愈好，日後重做或追加的施工項目會減少很多，也就愈省錢。但我知道許多人急著搬進新屋，那至少想好 8 成再動工。

┃本書單位換算表┃

〔面積〕

1 坪= 180X180 公分 =3.3058 平方公尺

1 平方公尺= 0.3025 坪

1 才≒ 30X30 公分

〔長度〕

1 呎≒ 30 公分

1 寸≒ 3 公分

1 分足= 3 公釐

Ending

恭喜恭喜，晚上可以在家睡覺了！

Step8 家具進場，清潔細清

隨你高興，點個黃曆的好日子，搬家囉！

玻璃

Step4 木作

主要是做櫃子，所以櫃子造型與收納功能要確定好。天花板有設計線板者，要在木作進場前選好線板樣式。

Step5 油漆

記得做好保護工程，以免到處被噴得亂七八糟。

Step6 清潔，粗清

會動用到清潔車，要先打聽好車子可停在哪，也要確認到場時間。

Step7 設備進場

清潔完後，衛浴設備、廚具、系統家具、燈具、壁紙等就可進場了，木地板也是在這階段進行。

Chapter

2

不後悔裝修書

拆除工程

在拆除之前，一定要先想好家裡的格局，不能操之過急，不然容易作白工。

許多人買了老房子，都知道要先規劃好格局再來拆，但理智常會被眼前的滿目瘡痍搞得心煩意亂，就想先拆除再慢慢來畫平面圖。但格局沒想好的結果，就是一面牆拆了之後，還要花錢把它「原地重建」。

另外，拆前也要多想想有沒有東西可再利用的，如櫃子內部都還好好的，只有櫃門舊了不符風格，就可只拆櫃門不拆櫃身，既省錢，又不會製造無謂的垃圾。

point1. 拆除，不可不知的事

[提醒 1] 請先斷水斷電斷瓦斯
[提醒 2] 檢查漏水
[提醒 3] 檢查有沒有蛀蟲
[提醒 4] 窗框拆除，內角水泥層一起敲
[提醒 5] 窗外的磁磚是否敲除，得先告知
[提醒 6] 拆窗後，要用帆布封窗
[提醒 7] 消防管線、灑水頭不能移位與拆除

point2. 容易發生的 4 大拆除糾紛

1. 最抓狂！排糞管不知何時打破，得敲水泥救漏水？
2. 最揪心！白拆了的磁磚地，白付了的一筆錢
3. 最心煩！聽信工班與設計師，陽台外推惹麻煩
4. 最傻眼！地磚染污，防護工作只是做做樣子

point3. 拆除工程估價單範例

工程名稱	單位	單價	數量	金額	備註
原有磚牆拆除	坪				臥室隔間牆整面拆 廚房牆局部拆 不得拆到結構牆
全室磁磚拆除	坪				地磚拆除含剔除舊水泥見底 含前後陽台、廚房壁地面磁磚
全室地坪拆除	坪				地磚拆除含剔除舊水泥見底 含客廳、餐廳、廚房
衛浴壁地面磁磚拆除	坪				地磚拆除含剔除舊水泥見底 不得拆破排糞管
全室舊有門窗拆除	處或式				大門、室內門、全室窗，連門框窗框都要拆，但保留後陽台門 窗框拆除時要連內角水泥層一起剔除
全室櫃體拆除、壁癌剔除	處或式				包括衣櫃、書櫃、展示櫃、廚櫃
衛浴設備 / 廚具拆除	處或式				
前後陽台鐵窗	式				含前後陽台的鐵窗全拆除
保護工程	式				地坪幾坪，櫃體與廚具或衛浴設備保護要鋪 2 層保護層，含瓦楞板及 1 分夾板
施工中清潔	式				
全室家具垃圾清運	車				

註：以上細項，若後續泥作工班有需求，須再來敲除。

打地板時，千萬小心排糞管

我很後悔

苦主 _ 網友 July

最抓狂！
排糞管不知何時打破，
得敲水泥救漏水？

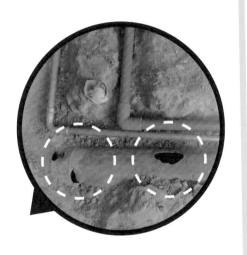

|事件|

我家的浴室是全室拆除重新裝潢，裝潢做好試水時，樓下反應會漏水，因為水電工已撤場，又一直說忙，他要我們自己捉漏。唉，我們重新一一檢查，最後，發現是排糞管漏水。回頭看當時的照片，才發現排糞管被打破了，拆除沒發現，之後的水電與泥作也都不管破掉的部分，繼續施工，就造成磁磚都鋪上去了，要再回頭解決漏水的問題。

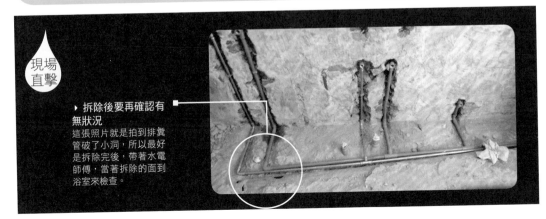

現場直擊

▶ **拆除後要再確認有無狀況**
這張照片就是拍到排糞管破了小洞，所以最好是拆除完後，帶著水電師傅，當著拆除的面到浴室來檢查。

講好「全室換管」，別以為就是「全部換」！師傅會跟你說，「一般」都是不換排糞管的，所以若想換排糞管，要特別跟水電說，若不換，則要叮嚀，拆除時小心別敲破排糞管。

拆除算是裝修工程中較簡單的工法，但還是會有意外，最常見的就是打到水管。一般若不換水管，但又要打地板時，通常會看熱水器與浴室間的距離，推測水管的位置；不過，總有算不準的時候，高達9成的師傅都會敲破水管。但別太擔心，多是一小段而已，敲破就換敲壞的一段即可。

若是全室換水管，更不必顧慮，因為多半是重新拉管線，根本不用管原本的管線。

不過，在浴室內拆除要特別小心，尤其是藏在地板內的排糞管，因為這管通常是不換的。在許多老公寓或舊大樓，排糞管是埋在樓地板中，或走在樓下的天花板中，很難換或無法換；若打破了，只能重新牽管。

那重點來啦，**許多水電師傅說的「全室換管線」，並不包括排糞管。**嗯，裝潢有許多「術語」與實際上理解的意義是不同的，雖然大家都是說台語，講的是同一國的語言，但會指不同的意思。

以July的經驗為例，講好全室換管線，我們都覺得就是「全部換」，包括熱水管、冷水管、排糞管，只要是家裡的「水管」都要換。沒想到師傅說，「一般」都是不包括排糞管的，即使是40年老屋也一樣；所以若想換排糞管，要特別跟水電說，若不換，則要去叮嚀拆除，千萬別敲破排糞管。

但就像希臘神話故事的悲劇一樣，即使知道結果也還是無法阻擋它發生。許多拆除師傅就是會把排糞管給「敲破了」。

「拆除師傅他們敲破後也不講，然後水電與泥作的也不看，就封起來了，後來試水時，樓下反應會漏水，沒錯，就是這裡漏了，反正就是一場鳥事。」July說，後來他們家與師傅協商，沒人承認錯誤；拆除說不

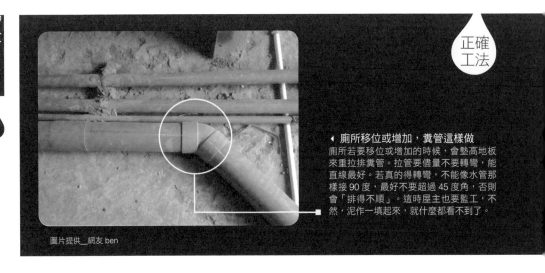

正確
工法

◀ 廁所移位或增加，糞管這樣做
廁所若要移位或增加的時候，會墊高地板
來重拉排糞管。拉管要儘量不要轉彎，能
直線最好。若真的得轉彎，不能像水管那
樣接 90 度，最好不要超過 45 度角，否則
會「排得不順」。這時屋主也要監工，不
然，泥作一填起來，就什麼都看不到了。

圖片提供_網友 ben

TiPS

血淚領悟 123

安全＋第一

① ▶ 排糞管換不換，要先想清
楚，然後拆除、水電與泥作三
方面都要知道。

② ▶ 有狀況要與工班溝
通，一定要找到工頭。

是他們打破的，水電也說不是他們打破的（因為照片顯示可能是水電
打破的），最後從照片分析，水電在裝洗手枱的水管時，就「應該」
看到了，卻沒發現，所以決定由水電來補。

水電師傅不想再動大工程，就用軟管塞進排糞管中來補救。但這種軟
管易破，日後若想清通馬桶時，不能用高壓棒。不然，軟管破了，再
漏水的機率很高。

因此拆除做完後，要帶著水電師傅，當著拆除的面到浴室來檢查，當
場若水電都說OK，日後有問題時，水電就要扛責任了。

July說，因為浴室裝修時沒燈，裡頭黑黑的，家人驗收時，根本沒進來
細看。她在第一時間發現水管破了時，曾問水電師傅A，是不是浴室管
線都會換，A答說，是的，所以她就放心了；後來才知，A說的會換，
並不指這條；還有，跟A講也沒用，一個水電工班有3～5人，要跟工頭
講才有用，工頭沒說要換，工人就不動，所以找對人講才有用，這是
萬古不變的真理。

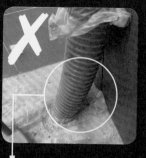

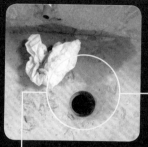

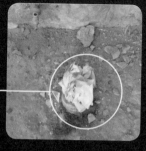

 ▲ 軟管易破，別當補救材
用軟管塞進排糞管做為補救的
方法，易破，日後漏水機率相
當高。

 ▲ 糞管要塞起來
若確定排糞管或哪個水管不拆，管口都要用布先塞起來，一是防
工程砂石跑進去，造成阻塞，二是防不肖工班把垃圾或雜物往裡
頭倒，不要不相信，姥姥家就碰到這樣的事。

③ ▶ 每個工班交接時，要帶接手的工班一
起檢查，如拆除撤場時，可帶水電與泥
作一起檢查，這樣打破水管或沒敲好地
板，責任就都有人扛了。

④ ▶ 看工地時，就當在看觀光景點，能拍
照就拍照，每個房間與細節都拍，日後
要檢討工法時，說不定就能派上用場。

 SOS
補救手帖！

洞在直徑 4 公分以內，
可另裁一片水管封補！

　　今硯室內設計張主任表示，排糞管若被
打破了，最好還是重拉管線。但有時若礙
於預算，則可看破多大洞，洞（含裂縫）
在直徑 4 公分以內，可以再另外裁一片水
管，面積要可覆蓋破洞的大小。先在破洞
四周塗矽利康，再把水管片黏上去，水管
片的四周再用矽利康封住，如此等灌水泥
漿後，就能固定水管片，把破洞封住。

　　但若洞太大，或是以下的情形，都建議
還是重拉管線。一是破洞處是在排糞管轉
彎處，二是已有砂石或雜物從破洞掉進糞
管內，這兩種情形都容易造成管內阻塞，
所以還是重換管線，以免日後抓漏抓不完。

　　重換排糞管時，因為管線多在地板裡，
不能挖地太深，尤其是見到鋼筋時千萬不
能再往下挖，以免樓下的天花板被挖穿，
一般多是用「墊高地板」的方式來重裝管
線。

　　這時就要注意浴室的地板墊高後，與客
廳的地板會不會落差太大。若太大，要墊
高客廳地板或是重做門檻。另外張主任也
叮嚀，墊高地板不能用磚頭墊底再加水泥
漿，而應該用水泥漿加小石子，地震時才
不易有裂縫。

02

原磁磚地夠平整，
可直接鋪木地板

我很
後悔

苦主 _ 網友 Juice

最揪心！
白拆了的磁磚地，
白付了的一筆錢

| 事件 |

我家是 20 年老屋翻新，在拆除磁磚
地板時，師傅問要不要拆到見底，
我想就拆吧，打算換成超耐磨木地
板，結果木地板師傅來的時候說，
原本的地板夠平整可以不必拆啊，
我才知又多花了一筆錢。

超耐磨與海島型木
地板都可直接平鋪
在磁磚地板上。

現場
直擊

▶ 原地板完整度高，
不必敲地磚
若原地板還很平整，換
木地板可不必敲掉原地
磚，直接平鋪即可。

before

after

圖片提供＿集集設計

鋪地板這回事，工班有沒有能力判斷地板到底要不要拆也很重要，好比說，若拆，多筆錢，新的地板膨起的機率為 3%；不拆，老地板膨起的機率為 10%。貼心的工班會將這樣評估結果跟屋主講，讓屋主有依據可做決定。

老屋翻新是不是要全室拆除？很多設計師或工班會這麼建議，但姥姥覺得「不一定」。全室拆除對工班而言，不僅施工較方便（因為不必再刻意做局部保護工程），且反正都來了，多拆一些，日後必要多做一些，就可多賺點，何樂不為？

我在跑裝潢中的工地時，有個感慨，就是許多還很好的東西，如地板、鋁門窗、大門室內門、衣櫃廚櫃等，都還可以用，但都被拆了，不但可惜，還製造許多垃圾，對地球非常不友善。

好，我們不要唱高調談什麼環保，你也不想關心溫度正負2℃的差異，那講回實際面好了。拆一個櫃子，要錢，再裝一個櫃子，還是要錢。錢多的人不在乎財富重新分配，很好，但許多沒錢的人也這麼做，卻多半是因為「知識不對等」而成為犧牲者。也就是説，因為我們不懂，沒法判斷什麼要或不要，只能聽專家的。

當工班説，這個櫃子不拆日後風格會不搭；或者這個地板不拆日後會膨起；再或者這個門不拆尺寸不對；當他們這麼説時，一般人可有勇氣説不？沒有！這就跟醫生叫我們吃什麼藥時，我們不敢質疑一樣，因為我們沒有那個領域的專業知識，但他們有，他們就有了主導權。

如果我們遇到好醫生，我們的病會好，只花了掛號費150元；如果遇到醫術不佳的，我們的病也許也好了，但可能會買了一堆那醫生推銷的、跟維他命C差不多效果的營養品。

先聲明，姥姥我不是說全拆都是錯的，不是的；而是工班有沒有能力判斷這個地板到底要不要拆：若拆，多筆錢，新的地板膨起的機率為

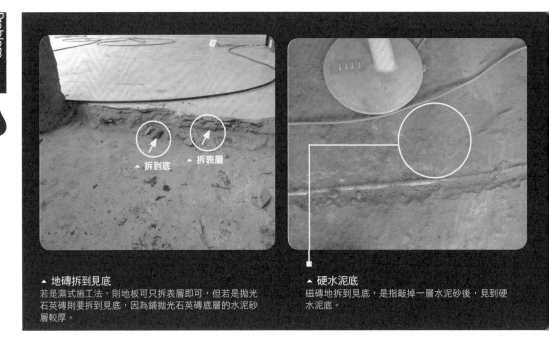

▲ **地磚拆到見底**
若是濕式施工法，則地板可只拆表層即可，但若是拋光
石英磚則要拆到見底，因為鋪拋光石英磚底層的水泥砂
層較厚。

▲ **硬水泥底**
磁磚地拆到見底，是指敲掉一層水泥砂後，見到硬
水泥底。

TiPS
血淚領悟 123
安全＋第一

① ▶ 鋪海島型或超耐磨木地板，原本磁磚地板只要夠平整，可
不必拆除。但要視現場狀況而定，若有磁磚膨起變形，仍要
拆除。

3%；若不拆，老地板膨起的機率為10%。然後，把評估的結果跟屋主
講，屋主可自行決定要不要拆。

回到網友Juice的情形，一般若鋪超耐磨或海島型木地板，只要地磚夠
平整，即可不拆地板。若鋪磁磚，則有不同的情形。鋪復古磚或板磚
等採濕式施工者（可先問泥工師傅，或參考泥作工程第120頁），則要
拆地磚但不必見底（見上圖），只拆表面的工錢可省一點；若要鋪拋
光石英磚，則要拆到見底，工錢會多點。

但要不要拆除見底，還要再留意新大門的門檻高度，整體地板若最後
會加高很多，原地板就要剔除到底。

拆除前

拆除後

▲ 裝潢不等於拚命做木作
你看，這就是木作裝潢的悲哀，風格會老，你會搬家；當年木作電視櫃也應花了不少錢吧，但等你一搬，後手就拆除，真的是浪費地球資源。

現場
直擊

 ▶ 地板要不要拆除見底，要看鋪什麼類型地磚，以及考量新大門的門檻高度。

 ▶ 跟工頭溝通，要知道的是不同做法有什麼不同的結果，而不是你說什麼他做什麼。

 MUST KNOW
你應該知道　　清運車停哪？先打聽好！

 安全第一

拆除後會有大量垃圾要清運，在拆除前，可先問問大樓管委會或附近鄰居，大型垃圾可放在哪個地點，以及清運車可以停在哪裡，以免到時被趕來趕去，甚至被罰。還有也要考量電梯的高度，是否拆下的門可以進得去；敲下來的砂石要打包好，不然邊運邊漏砂，在公共區域會引來鄰居抗議。

記得在最後一台清運車離去前，再看一

下家裡是否該拆的都拆完了，有些小地方易遺漏，如對講機、門框、窗簾盒等。

◀ 拆除工期間會有許多砂石，最好都用袋子打包好再清運。

千萬別亂拆牆，以免結構受損又被罰

我很
後悔

苦主 _ 眾多網友與 Juice、Kevin

最心煩！
聽信工班與設計師，
陽台外推惹麻煩

|事件|

我希望室內空間能大一點，所以做了陽台外推，當時也問過工班（或設計師或建商）。他們都說只要沒人檢舉，就不會被捉被罰。但沒想到，被鄰居檢舉，工班說只要做個假落地窗就好，這也是騙人的，後來拆除大隊表示，必須把旁邊兩道牆補上，才能過關。

不管哪些形式，陽台外推只要有人檢舉，就要恢復原狀。

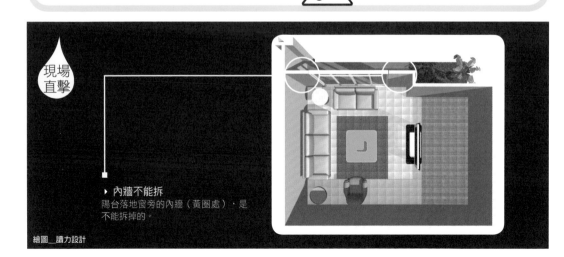

現場
直擊

▸ 內牆不能拆
陽台落地窗旁的內牆（黃圈處），是不能拆掉的。

繪圖 _ 讀力設計

陽台不能外推，就是指不能拆掉任何一面陽台的牆，包括「內牆」，也就是落地窗兩側的牆不能拆。雖然只有小小的兩道牆，但會造成建物結構的安全疑慮。

在此可以清楚地告訴大家，陽台外推絕對是不合法的。什麼是陽台外推，是指不能拆掉任何一面陽台的牆，包括「內牆」（見左頁下圖）、女兒牆或加裝鋁窗等（註1）。內牆是指落地窗兩側的牆，這不能拆。很多人會誤以為這兩道小小的牆是可拆的，別以為加裝鋁窗才是陽台外推，錯啦，只要打掉牆，就會造成建物結構的安全疑慮。

別相信設計師或工班說什麼「還好啦，全天下都在外推」，因為被查到時，還是屋主得付錢恢復原狀。不然你寫份切結書，「被查報時由設計師或工班負責恢復原狀」，你看對方會不會簽名。

姥姥我個人很少堅持什麼，但拜託，不要陽台外推好不好，這是為了自己與大家的安全。再來，我真的看過太多因陽台外推而被不肖設計師或工班威脅的，來看個真實的新聞案例。

設計師陳xx替邱姓屋主裝潢房子，設計師先建議陽台外推，當時屋主也答應。但後來被屋主發現設計師偷工，天花板被換成氧化鎂板，屋主要求重做，並揚言告上法院，但沒想到設計師反過來威脅屋主：「若你再鬧下去，就先檢舉你陽台外推。」

所以，何必自創個把柄給對方呢？然後還要擔心鄰居會不會檢舉，弄個房子已心力交瘁了，還要防來防去，不會太累嗎？

再來，**陽台絕對沒有你想的那麼「沒用」**。姥姥我自己曾住過有陽台與沒陽台的房子。對啦，把陽台外推後，客廳可以多個狹長型的1坪，但究竟還是在室內，封閉的室內；保留陽台，卻是多了個與天地相接的1坪空間。

能在自家裡吹到風、曬到太陽，真的是很愜意的事。若還能再擺個一

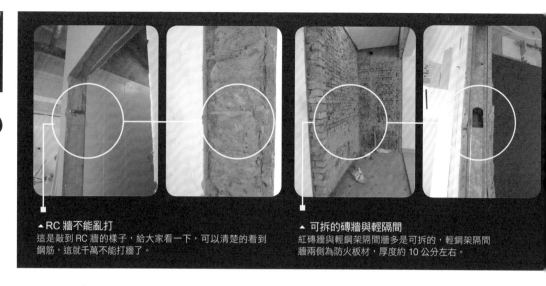

▲ RC 牆不能亂打
這是敲到 RC 牆的樣子，給大家看一下，可以清楚的看到
鋼筋，這就千萬不能打牆了。

▲ 可拆的磚牆與輕隔間
紅磚牆與輕鋼架隔間牆多是可拆的，輕鋼架隔間
牆兩側為防火板材，厚度約 10 公分左右。

TIPS
血淚領悟 123
安全＋第一

① ▸ 只要是陽台外推，就是違法。包括拆掉落地窗旁的兩側牆面。

② ▸ 若設計師或工班說可以外推，請他們簽切結書，以免日後反咬你一口。

几二椅，就更高檔了，算是私屬咖啡廳吧。我一直相信，空間是會影響心情的。每回我自己心情不好時，只要在陽台待一待，心就會自然開闊起來。這是與待在室內完全不同的感受。給陽台一個機會吧，這無用之用，或許會成為與你最親的療癒場所。

好啦，除了陽台的牆不能拆，另外還有些牆是「 不能拆的」，千萬別以為每面室內牆都可以隨心所欲地拆。 包括剪力牆、RC牆（鋼筋水泥牆）等結構牆，這種牆多厚達15公分以上，內有鋼筋。 這兩種牆絕對不能打，不然，整個建築就有危險，若真的有疑慮，可請結構技師來看看。

一般可以拆的室內牆多為磚牆或輕隔間牆。磚牆敲除表層後，會看到紅磚，厚度約12公分；輕隔間牆則會看到前後的矽酸鈣板（或石膏板等板材），厚度約10公分而已，這兩種牆都很好辨識。

註❶：住在台北市與新北市者，民國95年後落成的新建物，女兒牆加裝窗戶也是非法的。

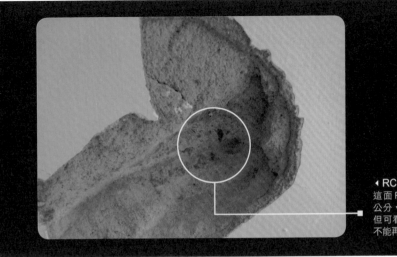

現場
直擊

◀ RC 牆內只有水泥和鋼筋
這面 RC 牆從牆面往下打約 3
公分，仍是水泥，沒看到磚，
但可看到鋼筋的表面，這牆就
不能再往下打了。

 MUST KNOW
你應該知道　剪力牆與 RC 牆的判定

 安全＋第一

　　根據前置建築工作室解釋，「剪力牆」這個名詞是用該牆的「結構作用」來描述一堵牆，「RC 牆」則是用該牆的「組成材料」（鋼筋加水泥）來描述一堵牆。

　　結構技師為了因應建築結構中，某個部分抗剪力的需求而設置剪力牆，並根據該牆所需要的抗剪能力，來指定材料以及尺寸和構造。所以，剪力牆的材料可以是 RC，也可以是鋼，也可以是磚，也可以是木板。

　　台灣現在多是 RC 建築，因此剪力牆也多以 RC 澆置。但不代表 RC 牆就一定是剪力牆。大部分的外牆用 RC 主要是為了維持防水的整體性，並沒有結構作用。所以，理論上這些牆即使全打掉也不會有問題，因為結構就已經設定光靠樑柱就夠了。

　　但是，有些牆又有結構作用，也同樣是 RC，如果厚度又是不厚也不薄的 15 公分，判定上其實很困難，最好還是找出當初的結構設計圖來看。如果沒有，我們盡量以最保守的方式判斷：

　　1. RC 牆 15 公分以上（扣除沙漿粉刷層），有雙層鋼筋，且鋼筋在 4 號筋（直徑 12.7MM）以上，那就有可能是剪力牆。20 公分以上的 RC 牆最好認定它一定是。

　　2. RC 牆 15 公分以上（扣除沙漿粉刷層），且建築物的所有樓層在該堵 RC 牆的同樣位置上，都有相同厚度和寬度的 RC 牆，也就是說這堵牆垂直貫通整個建築物，那它也有可能是剪力牆。

不拆不換的地板、櫥櫃，通通要包好做保護

我很後悔

苦主 _ 網友 Yong

最傻眼！
地磚染污，
防護工作只是做做樣子

| 事件 |

拆除時雖然有做保護工程，但保護得一點都不好，只有鋪薄薄的一層瓦楞板，不知是不是師傅嚼檳榔，還是喝飲料打翻，點交後，我發現地板拋光石英磚還是被染到一點一點的，跟師傅講，他只說擦一擦，久了就會淡掉（最後當然沒淡掉），我們要他重做，他還要我們付錢。

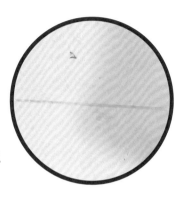

◀ 拋光石英磚上沾到一點一點的黑污，連填縫處也弄髒了，說什麼擦擦就乾淨了，結果我擦到手都要斷了，還是擦不掉。

◀ 不但是用舊的、髒髒的瓦楞板來鋪，施工期間還有不少地方破掉，底下的磚也露出來。

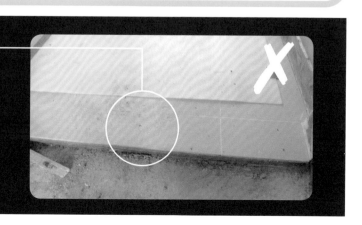

▶ 防護只做半套，等於沒做
Yong 説自己很「幸運」的，找到一個「超節省」的師傅。拋光磚的牆腳處以及最後一哩路的地方，因瓦楞板不夠，就沒貼了，而且全程都沒鋪夾板。

現場直擊

不換地板的人，要特別注意地板的保護工程。一般保護工法是鋪2層，一層瓦楞板，一層木夾板。瓦楞板可以擋塵土或不慎倒落的飲料，木夾板則可承受較大板材與較重物件的撞擊。

在工地，什麼東西都可能從「天上」掉下來。保利達B、舒跑罐、檳榔渣、菸蒂、油漆筒、刷具、釘子、矽酸鈣板、隔壁飛來的拖鞋……

為防止這些東西產生慧星撞地球的悲劇，尤其是面積最大的地板，不打算更換地板者，首要就是做好地板的保護工程。

瓦楞板＋夾板，雙層護地

一般來說，地板的保護工法是鋪兩層，一層瓦楞板、一層木夾板（基本要1分夾板，3mm厚，若能鋪2分板更好）。鋪瓦楞板的用意，主要是擋塵土髒汙以及以上那些從天上掉下來中重量較輕的物件。但若掉下來的是較大型的板材，或是較重的筒子，瓦楞板是無法承受的，很容易破掉，因此最好在瓦楞板上再鋪木夾板，雙重效果才能真正保護地板。

但是**木地板、拋光石英磚或大理石地板，則最好不要直接鋪瓦楞板**，因為若直接鋪上瓦楞板，拆掉後易有條痕壓印於地材上，洗不掉也磨不掉。最好是鋪3層：底層為PVC防潮布，中層為瓦楞板、最上層夾板。

其實，預算夠的話，最好都鋪3層，保護會更確實。要注意的是，若是剛做好的大理石，因為會吐水氣，則得把防潮布換成泡棉布，好讓水氣透出。

像Yong家在拋光石英磚上只鋪一層瓦楞板，而且還鋪得2266，沒有完全包覆地板，根本沒有防撞的功能，地磚很容易就被撞傷。瓦楞板一定要鋪滿，直到踢腳板處，且兩片之間要重疊，以免塵土雜物跑進去，磨傷地板，或飲料滲進去而被染色。

鋪瓦楞板或木夾板時會用到膠帶，要注意這膠帶不能用太黏的，有些師

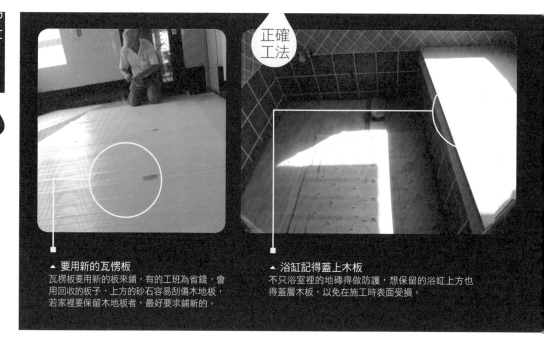

正確
工法

▲ 要用新的瓦楞板
瓦楞板要用新的板來鋪，有的工班為省錢，會
用回收的板子，上方的砂石容易刮傷木地板，
若家裡要保留木地板者，最好要求鋪新的。

▲ 浴缸記得蓋上木板
不只浴室裡的地磚得做防護，想保留的浴缸上方也
得蓋層木板，以免在施工時表面受損。

TiPS
血淚領悟 123
安全＋第一

① ▸ 地板的保護工程至少要鋪兩層，一層瓦楞板，
一層木板。

傅就是會買到別人都買不到的劣質膠帶，撕掉後會留下殘膠，這很難
清。之前就有個案例，屋主買了個8萬多的義大利進口大門，師傅在做
保護工程時不夠細心，膠帶黏在大門上，後來，膠帶殘膠清不掉，糾紛
就這麼鬧出來了。

SOS
補救手帖！

紙巾沾漂白水濕敷，
淡化髒污

　　拋光磚上若不慎沾到色，可用廚房紙巾加上漂白水，濕敷半小時至一小時，顏色會由
深轉淡。不過，有的有用，有的沒用，反正死馬當活馬醫，大家可試試看。

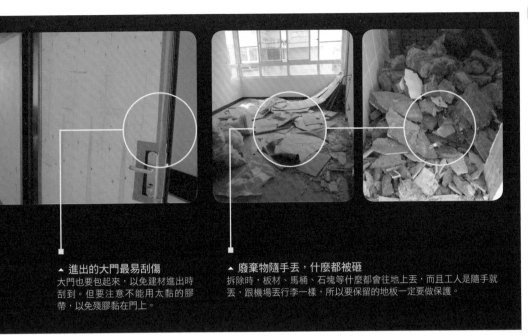

 進出的大門最易刮傷
大門也要包起來，以免建材進出時
刮到。但要注意不能用太黏的膠
帶，以免殘膠黏在門上。

 廢棄物隨手丟，什麼都被砸
拆除時，板材、馬桶、石塊等什麼都會往地上丟，而且工人是隨手就
丟，跟機場丟行李一樣，所以要保留的地板一定要做保護。

② ▸ 鋪的時候要完整包覆地面，與牆
面相接的邊緣處也要包，且兩片瓦楞
板之間要交疊，再貼膠帶。

③ ▸ 大門、室內門、浴缸、櫃子、家具，
要保留的都要包好。

家具、設備嚴密包裹，免碰撞

除了地板之外，要保留的大門、室內門、櫃子等都要包好，以免在施工
過程與搬運建材時不小心敲傷受損。浴室則除了注意地板和浴缸的包
覆，水管排水後可用膠帶封住，以免細碎的砂土不知不覺間堵塞了水
管，造成日後處裡的麻煩。

至於活動式的家具和電器、燈具，若能搬離現場是最好，若無法搬移，
也要使用氣泡紙妥當地包好。倘若工程中有用到電焊，爆出的火花可能
會傷到周圍的壁面或設備，也一定要在電焊前，把周遭保護好。

此外，不只是室內，公共空間的電梯或走道，是材料垃圾進出主要區
域，也要預先做好防護性的包覆，盡可能不要造成鄰居的困擾。

拆除，你該注意的事

拆除前、中、後，都有些該注意的事，好比要先斷水斷電以保安全，再來，可趁干擾視線的雜物或木作假牆等障礙清除後，好好檢視一些平常不見天日的角落，有沒有壁癌或漏水。至於哪些該拆哪些不能拆，最好在現場交代清楚，建議再用紙寫下來，因為不是每位工頭的記憶力都很好。

拆除的工期長短不一，以 30 坪老房子的全屋拆除為例，有的工頭會一次派 5～8 個人，一個上午就拆完了，速度很快；但有的工頭老神在在，一次派 2～4 個，就得拆個 2～3 天。所以要問清楚，以免你到現場時，都已拆完了，不該拆的也拆掉了。

提醒 ❶ 先斷水斷電斷瓦斯

斷水是關水表總開關，斷電是關總開關箱，斷瓦斯則是把總開關關起來。若要改瓦斯管線者，要與瓦斯公司聯絡。

▲ 除了水電，瓦斯也要記得關。

提醒 ❷ 檢查漏水

漏水大概可分兩種類型，一種是明目張膽地出現在你眼前，常見在牆角，以壁癌的樣子宣告它存在的本質。另外在浴室周圍的牆壁，以及會直接淋到雨的外牆，都較易漏水。

第二種是隱藏式的，藏在地板或木作牆內。例如，當地板敲掉磁磚時，水泥地會濕濕的，就可能是水管破裂，但也可能是由外牆滲漏進來；還有當木作牆或天花板一拆掉後，才會發現原來裡頭的牆早已面目全非、爬滿壁癌。

▲ 許多屋頂的壁癌是拆掉天花板後才發現的。若發現壁癌，一定要先處理。

遇到漏水要立刻處理，且須在泥作前把漏水源抓出來。不然，泥作封底後，還得再挖開來，如此做兩次工，浪費錢又費心。抓漏一定要找到漏水源頭，像壁癌，若是水管滲水造成，就得先把水管修好，不能只把牆壁表層清掉後直接塗上防水漆。因為源頭沒解決，日後還是會產生壁癌。捉漏會視範圍與嚴重度不同，從5000元～5萬元以上都有可能。

提醒 ③ 檢查有沒有蛀蟲

蛀蟲也會在拆除時發現，最常見的是踢腳板、木作櫃或木地板下，會發現粉末或細木屑；除蟲費用從7000元～2萬元不等，看來的次數而定。有的只來一次，多在拆除後，水電切溝前進場；費用收較多的，就會來兩到三次，殺得較乾淨，看你跟除蟲公司的約定，重點是在「木作工程」前，要殺乾淨。但要注意的是，蛀蟲也有不同種類，不同的蟲有不同的除法，要向除蟲公司問清楚。

◀ 踢腳板內（上）或木作櫃內有粉末的話，就有可能是遭蟲蛀了。

提醒 ④ 窗框拆除，內角水泥層一起敲

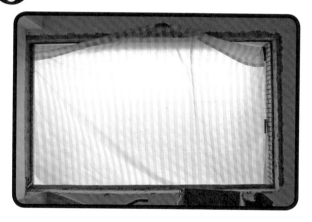

錯誤示範 ▲▼ 上圖的窗只拆窗框，下圖則是隨意打打，兩者都未將內牆的四周水泥層打掉。

拆鋁窗時，除了窗框要拆，四邊窗框的內角水泥層也要打除，日後將由泥作填縫做防水。若沒有打掉四周，新的填縫無法與舊水泥牆結合，日後就易漏水。（可參看泥作工程第132頁）

▲ 拆鋁窗時，不能只拆框，連內角水泥層也要打掉。

窗外的磁磚要不要打,則要與設計師或工班先講好。若找不到與原磁磚相合的磚,**通常都不會打**;有的拆除師傅會不管這麼多,就隨意打了下去,像這位朋友的家,後來泥作就直接幫他填平,但也懶得再去找磁磚來配,因為找新磁磚容易,要找到與舊磁磚相合的磚,常要花不少時間。於是就直接上水泥未貼磁磚,不但不美觀,防水力也較差(磁磚的防水力還是比水泥好的)。

▶ 鋁窗外牆若已被敲除,最好找磚來補,不要只上水泥,防水會較差。

MUST KNOW
你應該知道

有些東西,不拆更省錢

其實,不是什麼東西都要拆,只要加點小設計,有些東西即可重新利用,特別是可以重新「拉皮」的門片,骨子裡不用改變,只改「表皮」就可輕鬆營造不同的風格。

1 不拆磚牆,再利用創造個性空間

喜歡這種白色磚牆的 fu 嗎?那老屋拆除時就要請師傅幫個忙,在敲磚牆時,下手輕點,儘量保持紅磚的完整。不過,就算敲得碎碎的,水泥也有一塊沒一塊的,也很好(現在流行的工業風,還要請人特別搞成這模樣,你家只要有個拆除師傅就行了),然後再上個白漆就好啦。可以省下拆牆以及重新砌牆的錢,會省很多!不過,這種舊磚牆的質感當然比不上新砌的牆,這是選擇此法要有的心理準備。

▲ 將原有的紅磚牆敲除表層後,再上層白漆,就很有味道。

▲ 敲到紅磚牆時,可保留下來,即使敲得不平整,也沒關係,之後再略做處理即可。

提醒 6 拆窗後，要用帆布封窗

▲ 拆掉鋁門窗後，記得用帆布封洞。

鋁窗拆下來後，要用帆布包好空洞，不然室內的器具或石塊、磁磚掉下去砸到人，就不好了；也可防下雨時，雨水滲入地板下層，因地板已打除見底，會造成漏水。

提醒 7 消防管線、灑水頭 不能移位與拆除

消防管線會走在天花板內，通常是紅色的管子，有些人會嫌消防灑水頭不好看，想移位，但這些灑水頭都是有偵測火災的功能，原位置即是最均等偵測的安排，除非是新做隔間牆或特定天花

板，建議都不要拆，也不要移位。天花板若有隔間牆要配合牆的距離移灑水頭。

◀ 別聽工班說消防管線可以移位，技術雖沒問題，但安全會有問題。

② 不拆室內門，小拉皮變新門

預算有限的人，其實可以保留原室內門，只要在門外貼木皮板，即可改變外觀。新作一扇門約 7000 ～ 1 萬 2000 元，貼皮做法可省下門的材料費或油漆費。但並不是每扇門都適合如此做，因為要考慮到貼皮後，會增加的厚度，與原門框是否相合的問題。

▲ Before

▲ After

▲ 若確定不保留室內門，就要連門框也一起拆。

③ 不拆桶身只拆門片，衣櫃夢幻美形術

舊木作櫃不一定要全拆掉重做，只要桶身與內部五金都好好的，可以保留桶身。外觀的部分則靠更新門片來改變，例如，不喜歡原淺木色的櫃子，就可以換個新造型的門片，也可順便再加幾個抽屜，增加收納量。整體改造後，就與之前的風格差很多。

▲ Step1
原來風格的門片

▲ Step2
門片拆除，保留桶身

▲ Step3
更換後的新門片

水電工程

拆除拆完後，接下來就是水電進場。水電工程包括換冷熱水管、重新配電線迴路、整理總開關箱等，也是各工程中最常被偷工減料的一環。因為電線、配電管、燈泡等，都藏在天花板中，點交時看不到，設計師也不見得懂，所以會出現某些不肖工班，在裡頭魚目混珠。

要如何避免這樣的問題，首先，材料「進場時」的監工是絕對必要的，此外，要特別勸大家的是，水電的預算千萬不要省，因為豪宅級的做法也不過多個幾千元，支付合理的費用，可讓整個家住得更安心。

point1. 水電，不可不知的事
[提醒 1] 弱電箱以方便維修為上
[提醒 2] 玄關可安裝感應燈
[提醒 3] 後陽台安裝止水閥
[提醒 4] 吊架懸掛水管，不必再敲地板

point2. 容易發生的 9 大水電問題
1. 最氣結！漏電斷路器被調包
2. 最無力！7000 元換電箱，但一樣會跳電
3. 最不便！使用家電，還得錯開時間搞「宵禁」
4. 最遙遠！一延再延的延長線，我們一家都是線
5. 最麻煩！臥室床頭沒開關，睡前還得再下床
6. 最擔心！小小電線大學問，連地檢署都被黑
7. 最忽略！沒接接地線，容易被電到
8. 最呼攏！配電管硬管變軟管，日後易變形
9. 最粗心！熱鋼管緊貼冷膠管，容易破裂漏水

point3. 水電工程估價單範例

工程名稱	單位	單價	數量	金額	備註
總開關箱整理更新	式				更新成幾批（P）匯流排配電箱 採用士林電機無熔絲開關與漏電斷路器 所有迴路皆接地
弱電箱整理更新	式				迴路在電視櫃或套房
新增插座迴路工費	迴				客餐廳、廚房、臥室等，含出線口及配管
新增專用迴路	迴				含冷氣 3 迴、廚房 3 迴、浴室 2 迴等 漏電專用迴路，要用漏電斷路器
新增燈具迴路	迴				客餐廳、廚房、臥室等
新增插座出線口及配管	處				參照燈具水電圖樣
新增電視插座出線口及配管	處				參照燈具水電圖樣
新增電話插座出線口及配管	處				參照燈具水電圖樣
新增網路插座出線口及配管	處				參照燈具水電圖樣
開關面板材料費	處				國際牌星光開關面板與插座
新增燈具出線口及配管	處				廚餐天花板內及走道崁燈 參照燈具水電圖樣
全室燈具更新	處				參照燈具水電圖樣
全室電線更新	式				220V 用太平洋 5.5 平方絞線 110V 用太平洋 2.0 實心線（費用包含在插座迴路工費中）
全室冷水管更新	處				冷水管為南亞六分與四分塑膠管 含水管或污水管移位或新增出口
全室熱水管更新	處				熱水管為六分與四分保溫型不鏽鋼壓接管，主幹管要 粗，分支要細
全室排水管更新	處				含廚房衛浴陽台
馬桶排水管更新	處				
對講機	式				老公寓 1 樓對講機電線更新，新大樓可請原廠處理

不被呼攏，得先認識水電的大咖角色

我很後悔

苦主 _ 網友 July

最氣結！
漏電斷路器被調包

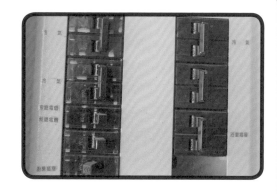

| 事件 |
我家是舊電箱換新，水電師傅說裡頭的無熔絲開關全會換新，我也是看著他換了。但後來，有位懂水電的朋友來家裡，把總開關箱的門打開一看，才發現，我家並沒照規定安裝「漏電斷路器」。我其實根本看不懂什麼斷路器，但從頭到尾，我的水電師傅都沒說要用這個啊，唉，他是有比較便宜一點，但我也沒想到他會不按法規做事。

廚房浴室等有水的地方都要裝漏電斷路器，我家的沒裝，我當時也不懂，就這樣交屋了。

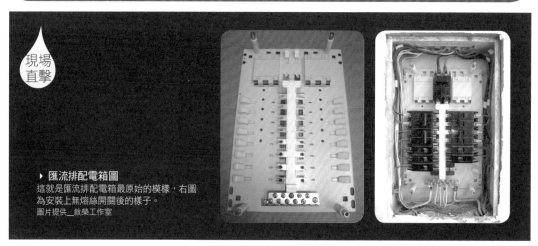

現場直擊

▶ 匯流排配電箱圖
這就是匯流排配電箱最原始的模樣，右圖為安裝上無熔絲開關後的樣子。
圖片提供_敘榮工作室

裝潢中最難懂的就是電路工程。為什麼難懂？就因為有許多仿若古代埃及文的專有名詞。所以要弄懂水電，不妨先從「匯流排配電箱」、「無熔絲開關」、「漏電斷路器」慢慢親近起，了解這些主角，就會發現，水電也沒那麼可怕。

配電設計，是整個家裡最最重要的工程，但多數人卻不太在乎，反而只看重做了什麼風格。姥姥訪的眾多達人中，敘榮工作室的格主形容得最傳神：「有些人看裝潢就像看車，車體烤漆一定要完美漂亮，砸錢沒關係，但攸關安全的煞車與輪胎就隨便隨便，能用就好。」

許多人就是這樣，房子裝潢得美輪美奐，框金又包銀，但是裡頭電線是黑心貨，用電迴路也不足，整間屋子像繡花枕頭。真的建議大家多花點預算給水電工程，只要多個5000元，你會換回更多的「安心」，是值得的。

裝潢中最難懂的就是電路工程，為什麼難懂？就因為有許多仿若古代埃及文的專有名詞。但其實，它們也沒那麼可怕，就像史瑞克有顆善良的心一樣，它們也會帶著無辜的眼神說：你可以再靠近我一點。

水電界的大哥大──匯流排配電箱
水電的專業名詞多，我們先來介紹一下水電器材的最大咖：「總開關箱」。總開關箱也叫「配電箱」，所有家用迴路都從這出發。現在總開關箱內多是裝一體成型的「匯流排配電箱」。從總開關到分路開關的銜接點都是一體成型的銅板，完全沒有中斷，這樣就不會有人工配線組裝不良的問題。

帶你跳脫危險──無熔絲開關
接下來，我們再悄悄靠近那個叫「無熔絲開關」的傢伙好了。無熔絲開關，也稱無熔線斷路器，又叫NFB（No Fuse Breaker），會英文的也叫它Breaker、說台語的則稱「不累尬」，反正都是指總開關箱中黑黑的那東西，有個可以扳動的開關。

無熔絲開關主要功能是當電線短路或當用電量超載時，它會「跳脫」，這可以保護我們，免於電線走火。不同品牌的品質也有差，根據設計師

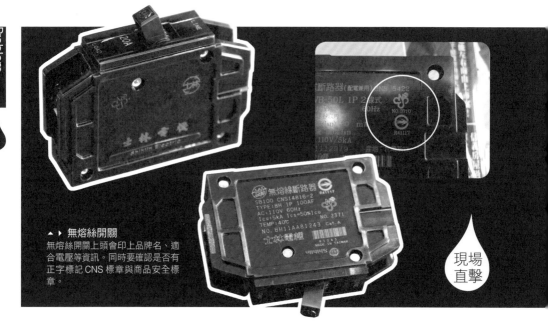

▲ ▸ 無熔絲開關
無熔絲開關上頭會印上品牌名、適
合電壓等資訊。同時要確認是否有
正字標記 CNS 標章與商品安全標
章。

現場
直擊

及工班的經驗,無熔絲開關第一次短路跳電後,品質較不好的自此就常
「自動」跳電,好的就較穩定,不會亂跳。

無熔絲開關是發展成熟的產品,北部材料行常見的品牌有士林、東元、
台芝,南部材料行常見的有順山、松下、台芝等。器材可以自己買,但
姥姥覺得太麻煩,還是請師傅買好了,但一定要指定品牌與規格,以免
用了次級品。因為無熔絲開關一個價差可差個50、100元,有些人砍水
電的費用砍得多了,師傅們就從這些材料省點錢。

近水處保護你——裝漏電斷路器
認識了無熔絲開關後,我們再來認識另一個黑傢伙:「漏電斷路器」。

「漏電斷路器」有不同的規格,現多用二合一型漏電斷路器(漏電＋短
路過載保護合一),當測到漏電時,就會跳掉。插座附近有水的,如廚
房流理枱與水槽下、浴室、前後陽台等處,都要裝漏電斷路器。另外,
像電熱水器等用水器具,也要裝「漏電斷路器」(註1)。

註❶:可參考電工法規第59條第六條,第七條,第八條,第十二條。住宅之電
熱水器及浴室插座分路;陽台之插座及離廚房水槽1.8公尺內之插座分路;沉
水式用電設備;由屋內引至屋外裝設之插座分路;以上皆要裝設漏電斷路器。

▲▶ 漏電斷路器
漏電斷路器測到漏電時，就會跳掉。

▶ 近水處都要加裝漏電斷路器迴路
流理枱與水槽下的插座，要加裝漏電斷路器的迴路。

TIPS
血淚領悟 123
安全+第一

① ▶ 什麼錢都可省，什麼裝潢都可不做，但電的部分不要省，多個 5000 元，你家就可更安全。

② ▶ 近水處所的插座都要裝配漏電斷路器，包括浴室、廚房流理枱與水槽下、陽台。

◀)) MUST KNOW
你應該知道

漏電斷路器有測試鈕
安全+第一

一個漏電斷路器約 400、500 元，無熔絲開關約 100 元左右，有的水電師傅為了省成本，應該裝漏電斷路器的地方不裝，反而用無熔絲開關替代。這也是網友 July 家裡被黑的地方，因兩者長得很像，這部分要小心別被調包了。漏電斷路器比無熔絲開關大顆，上方也有個測試按鈕，按鈕上會有個色塊，各品牌用的色彩標示不同。所以水電撤場前，一定要把自家的總開關箱打開來看看，確認有裝漏電斷路器。

▲ 漏電斷路器與無熔絲開關相比，漏電斷路器較大顆，上方也有個測試按鈕，色彩標示視各品牌不同而定，可測試漏電跳脫功能是否完好。

怎麼又跳電了(一)
迴路設計的8大基本概念

我很後悔

苦主 _ 網友 July

最無力！
7000元換電箱，
但一樣會跳電

| 事件 |

我家因舊電箱不敷使用，所以花了 7000 元去更新電箱。我是看到新的電箱了，裡頭的開關也變多了，但後來只要微波爐加烤箱一起用，還是會跳電；我才知道，我家的迴路根本不夠，水電師傅只換電箱，並沒有好好重新規劃迴路。

舊的配電箱雖然升級到較大的新電箱，但迴路設計不良，仍會跳電。

舊電箱

新電箱

正確工法

▶ 列出所有廚房電器，好計算所需迴路
廚房電器多，需一一羅列，才能好好計算所需迴路。

每間房子對於配電的需求各有不同,現在一般配電箱多設定在 16 ～ 18P(P 為斷路器單位),但大家也發現了,許多東西是沒算進去的,如換氣暖風機等,若全部算入,或考量未來可能要增加音響設備或 E-house 的迴路,大概會需要用到 20 ～ 30P。

網友July家遇到的配電問題,就是迴路規劃不佳。迴路是什麼?這個下一章節再來細講,我們先來看整體的觀念。這部分很專業,也有點難懂,但沒關係,姥姥與達人們想辦法用比較簡單的話語來解釋重點,幾個細節掌握住,大方向就不致偏差了。

我們先來看家用迴路設計的八大概念(不用記沒關係,理解就好,我們不會考試,呵)。

[一] 要先詳列電器

列出所有的電器,才能回推你家真的需要多少迴路,不要空想,尤其是廚房,高耗電的微波爐、烤箱、電磁爐、電熱水器等,都要列出來。

[二] 冷氣

通常是看室外機有幾台,就用幾個專用迴路,如一台分離式1對2的冷氣,因室外機是1台,所以就配1個專用迴路。

[三] 燈具

全室燈具可1個迴路包辦,但若家中的燈具太多,則可增至2個,但還需考量到分配均勻的問題,此部分可請水電師傅評估。

[四] 浴室插座

插座就較複雜了,要分幾個區域討論。首先是浴室,因浴室濕氣重,所以插座與燈具可共用1個「漏電」迴路。所謂漏電迴路,是指此迴路要裝漏電斷路器。若有裝四合一換氣暖風機,要再多加1個漏電迴路。

[五] 廚房插座

微波爐是高耗電電器,最好要1個專用迴路;其他電器1～2個迴路,看電器多寡。要注意的是,流理枱上的插座迴路要裝漏電斷路器,可以與水槽下的飲水機(淨水器)的插座共用一迴路,一同做漏電保護。

◀ 浴室暖風機，得單
一迴路
浴室暖風機很吃電，1
台就要1個迴路。

▶ 陽台洗衣區須裝漏
電迴路
陽台也是會用到水的地
方，要一個專用的漏電
迴路。

正確
工法

所以，理論上廚房應有3～4個迴路，但現實世界是大部分都只給2個迴
路而已。像微波爐理應1個專用迴路，但通常都沒給，而是與其他電器
共用1個迴路。那會不會有問題呢？這裡賣個關子，下一章節再講。

另外，現在愈來愈常見220V的家電，若已知自家有220V的果汁機、微
波爐等，可在廚房或餐廳多設計個220V的插座迴路，若沒有，也建議預
留一個，因為市場上相關產品越來越多，日後有可能會買到，家裡有個
220V的插座，會較方便。

[六] 陽台插座
陽台也要1個漏電迴路，若有安裝電熱水器，則要再增加1個專用漏電迴
路。另外，烘衣機等大型耗電之器具，也要再增設專用迴路。

[七] 客廳與3房插座
客廳基本上1個迴路，3房1～2個迴路；但若有使用電暖器（暖爐），則
每區要給1個迴路，因為電暖器很吃電。若沒有分區供電（如客廳與臥
室同一迴路），一旦兩區一起使用，就很容易跳電。若預算許可的話，
即使沒有使用電暖器，也建議每1房配置1個迴路，尤其是書房，以免日
後不敷使用。

[八] 影音櫃
你可能沒錢弄一套百萬音響，但若想讓自家的萬元音響也有好聲音，只
要給電視櫃或影音設備一個專用迴路，音質畫質都會大大提升，這是花

 **MUST KNOW**
你應該知道

 安全＋第一

三房兩廳迴路運算實例

舉個 30 坪三房兩廳的格局為例，實地算一下。但在進入實地演練之前，姥姥得先說明，因為各家用電狀況不同，範例只是示範，你仍要以自家的用電情形，找配電人員詳細討論，不能照抄範例哦。

解釋一下總計的數字算法，首先，要把用 110V 與 220V 的分開算。我們在總開關箱內看到的無熔絲開關，110V 的叫 1P，220V 的叫 2P，所以照範例來看，「基本款」總開關箱的大小為：9×1（1p）+3×2（2p）+1（總開關）×2（2p）=17P。

每間房子有不同的需求，現在一般配電箱多設定在 16 ～ 18P，但大家也發現了，許多東西是沒算進去的（如換氣暖風機），若全部算入，或考量未來所需的足夠數量（如要增加音響設備或 E-house 的迴路），大概會需要用到 20 ～ 30P。

水電達人建議，16P 與 26P 的兩種配電箱價格，不過就差個五百一千元，在整個裝修工程費用中，算是九牛一毛。整理電箱是工費，所以不如一次就裝大一點的電箱，日後就不必再花好幾萬塊來敲換或增設電箱。

30坪三房兩廳的配電設計示範

格局	迴路數	迴數與對應的電器
客廳	1 迴	插座要 1 迴 注重音響品質的，可在影音櫃加設 1 個專用迴路
臥室（含書房）	2 迴（3 間）	沒用暖爐者，建議主臥 1 迴，次臥與書房 1 迴 有用暖爐者，1 區就要 1 迴，有預算者，最好每個房間 1 個迴路
冷氣（220V）	3 迴（3 台）	室外機每 1 台就要 1 個專用迴路
餐廳廚房	3 迴	微波爐 1 個迴路（最好是專用迴路） 流理枱附近 1 個漏電迴路 其他電器 1 個迴路（若電器多，可增為 2 迴） 若設 220V 插座，也要 1 個迴路
浴室	1 迴（2 間）	插座與燈具共用 1 個漏電保護迴路 換氣暖風機 1 台 1 個漏電迴路
陽台	1 迴	1 個漏電保護迴路（通常給洗衣機用） 電熱水器要 1 個漏電專用迴路
燈具	1 迴	1 ～ 2 迴，視燈具多寡而定（先以 1 迴來計算）
總計	9 迴 (110V) 3 迴 (220V)	總開關箱的大小為 9X1+3X2+ 總開關 1X2=17P（見註 1） 若把所有需求算入，可到 26 ～ 30P

資料來源：敘榮工作室、姥姥

註 1：p 是斷路器的單位，110V 為 1P，220V 為 2P。
註 2：紅字不列入計算，有需要者可自行加入。
註 3：此提及的家用迴路，是以電流量 15A 與 20A 當基準。
註 4：3 房 2 廳包括客餐廳、主臥、次臥、書房、廚房、陽台、2 間浴室。

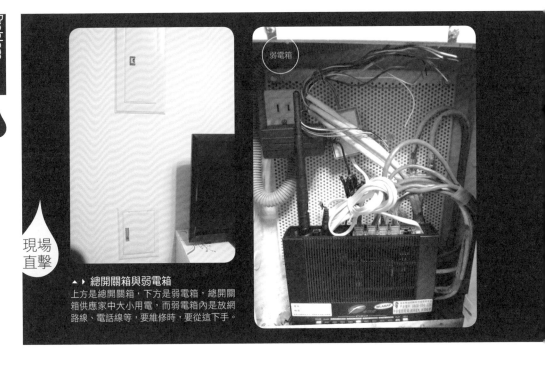

弱電箱

現場
直擊

▲▶ 總開關箱與弱電箱
上方是總開關箱，下方是弱電箱，總開關
箱供應家中大小用電，而弱電箱內是放網
路線、電話線等，要維修時，要從這下手。

TiPS
血淚領悟 123
安全╋第一

① ▶ 列出全家的電器，包括未來會用到的，然後找「專
業的」水電師傅好好規劃迴路數量。

小錢提升品質的好方法。

好，了解迴路設計的概要後，我們回頭去看July家的配電箱。與舊電箱
相比，她家花了7000元換得的新電箱，表面上多了3個220V迴路，但1
個沒用到，所以真正只多了2個220V與1個110V迴路。

她家的迴路怎麼分配的呢？冷氣3台每個都有220V迴路，ok，浴室暖風
機1個220V的，也ok，但未裝漏電斷路器就很不好了；另外，基本上要
2～4個迴路的廚房，她家只有1個，所以只要微波爐跟烤箱一起用，兩
者火力全開，再加上電鍋，就會跳電；再來，全室燈具與插座各由1個
110V迴路包辦，但浴室、陽台專用漏電迴路或暖爐用的迴路都沒有單獨
做規劃。

▲ 專屬迴路提升影音效果
影音櫃可以單獨配一個迴路,聲音品質會更好。

◀ 總開關箱裡的迴路與漏電斷路器
這家冷氣迴路有 3 個,廚房專插 2 個,其中有黃色方塊的,就是漏電斷路器;全室電燈 1 個迴路,客廳與 3 房插座有 2 個迴路,另 1 個有漏電斷路器的插座迴路是給浴室用,四合一抽風機是 110V 的,因用電量大,也單獨一個迴路。另有建商留的緊急迴路,與一個預留迴路,加總開關,總計 17P。

 ② ▶ 冷氣、浴室暖風機及微波爐,記得要給一個專用迴路。

③ ▶ 若考量到日後擴增迴路的可能性,配電箱最好一開始就設計 20P 以上。

　　也就是說,即使她花了7000元更新電箱,水電師傅並沒有好好重新規劃July家的用電迴路,只做了半套,確定「有電通」而已,並不代表家裡就不會跳電。

 MUST KNOW
你應該知道

迴路與專用迴路的不同

　　為什麼有的寫「迴路」,有的是「專用迴路」?姥姥來解釋一下:一般迴路是一組電線會跳接好幾個插座,專用迴路是指一個迴路上只設一個插座或一個電器,如冷氣、浴室的換氣機等,因為這些電器用電量大,專用迴路不易發生電路超載。

水電工程

03

怎麼又跳電了(二)
單一迴路的電量算法

我很
後悔

苦主 _ 網友小伯

最不便！
使用家電，
還得錯開時間搞「宵禁」

| 事件 |

我家是有點現代鄉村風，裝潢還滿好看的，但住
了不久，我們就有用電上的困擾，就是微波爐與
烤箱不能一起用，不然會跳電；當年老屋翻新時，
我沒注意到電的問題，想說設計師都會配好好，
後來朋友跟我說，這是家裡用電迴路沒有算好，
就打電話去問設計師，他說「只要」不同時用就
不會跳電了。可是當年我也是有付水電的錢，為
什麼現在用個電器也有「宵禁」啊，但裝都裝了，
好像也沒辦法換了（泣）！

即使烤箱、微波爐與電
鍋都各有插座，若配電
迴路沒做好，電器一起
用時，就易跳電。

現場
直擊

▶ 常見的家用迴路
一般家用迴路最常裝 20A 的無熔絲開關，故用電量超過
20A 時容易跳電。

單一迴路的用電量如何算？安培又是什麼？這似乎好像不是我們需要知道的事，但因為有的水電師傅也不清楚，結果就會造成家裡跳電。若能知道個基本概念就像得了個保障，過起日子來也安心得多。

單一迴路的用電量如何算，不少達人們建議不必寫，一來因為變數太多，二來交給專業的水電師傅即可，但姥姥覺得還是教一下好了，因為通常預算有限時所找的水電工班，大部分都不太會算，或懶得幫你算。

雖然政府規定要考照及格的師傅才能施作，但在台灣水電這行多是師徒制，師父有考照，不代表徒弟也有，而來你家換水電的，可能就是徒弟；另外，就算是有考照的，姥姥也看過一堆裝錯的、不會算的。

所以，我們還是靠自己好了。

迴路＝電路上所有插座的用電量
所謂一個迴路，是指一組正負極電線（火線與中性線），而這組電線會負責燈具或電器的供電。一個迴路能承載的電量，就是電路中所有插座上「同時使用」的電器用電量總和，而這總和不能超過電線能負荷的電流量。

一個迴路電線在總開關箱中會連結一個無熔絲開關，去打開你家的總開關箱，看裡頭的無熔絲開關是幾安培的。

安培＝電流量單位
好，又來一個專業名詞：安培，這是電流量的單位，我們常看到「20A」的數字，就代表20安培，指可承受最大電量為20安培；但為安全起見，通常我們只會讓它承載80％（就是16安培）以下。

那安培數怎麼算呢？最難的，也最正確的是算「功耗伏安與功因」，然後再OOXX@#⋯⋯，但我覺得那太難懂了，我物理只拿34分，看到這些都頭大；還好，有個簡單算式很接近安培數。

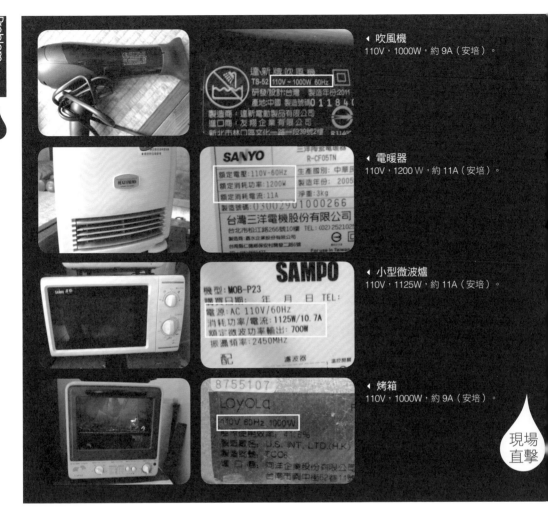

◀ 吹風機
110V，1000W，約9A（安培）。

◀ 電暖器
110V，1200 W，約11A（安培）。

◀ 小型微波爐
110V，1125W，約11A（安培）。

◀ 烤箱
110V，1000W，約9A（安培）。

現場
直擊

安培A＝用電瓦數W÷電壓伏特數V（暫不計入功率因素）

用這個算式來看一下家裡的電器，電器的背面或底下或使用説明書上，都會標示使用所需瓦數或電流量，如電鍋，800W/110V=7.27A，就算8A了。姥姥幫大家先查了一下各電器的電流量，做了兩個表，放在右頁可參考。

前面説過了，一個迴路就是電路上同時使用的電器用電量總和。所以，若是20A的迴路（我們通常多配不到16A），就可以大同電鍋（8A）+電熱水瓶（8A）=16A；若微波爐（11A） + 烤箱（10A）=21A，就超過20A了，容易跳電，不能在同一迴路。

不過，這也是開到最大的結果，若沒用到最大火力，或者兩者不同時

MUST kNOW
你應該知道

高耗電 VS. 低耗電電器

高耗電的電器

使用電流量	電器類型	電壓數
10~16A	1. 冷氣	220V，啟動安培較高，多在 12~16A，運轉安培約 3~4A
	2. 微波爐或烤箱	1100~1600W / 110V / 10~15A
	3. 電磁爐	110V / 1200~1800W / 11~16A
	4. 電暖器	1200W / 110V / 約 11A
	5 電子鍋	110V / 360~1000W / 4~10A
	6. 浴室暖風機	110V / 10A
8~9A	1. 烤麵包機、吹風機	110V / 950W / 9A
	2. 大同電鍋或 3~5 公升電熱水瓶	110V / 800W /8A
	3. 淨水飲水機等	110V / 800W / 8A
	4. 九陽豆漿機	110V / 850W / 8A
	5. 部分果汁機	220V / 1800W / 8A

註：此表僅供參考，電器依品牌不同，使用電流量也會不同。

低耗電的電器

使用電流量	電器類型	電壓數
2~4A	傳統冰箱	110V / 2~3A
	果汁機	110V / 180W~520W / 2~4A
1~2A	節能冰箱、2-4 人煮飯電鍋	110V / 110W~ 除霜 130W/ 1A 多
	除濕機 電腦、電視、燈泡	110V / 120W/ 1A 多 一般電器多不到 2A

註：此表僅供參考，電器依品牌不同，使用電流量也會不同。

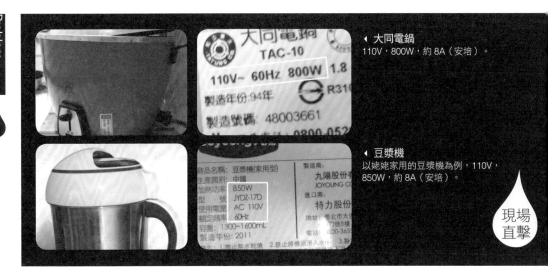

◀ 大同電鍋
110V，800W，約 8A（安培）。

◀ 豆漿機
以姥姥家用的豆漿機為例，110V，
850W，約 8A（安培）。

現場
直擊

TIPS

血淚領悟 123

安全＋第一

① ▶ 單一迴路的用電量，就是電線上所有同時使用的電器用電量總和。

開，是不到20A的。這也就是為什麼網友小伯的設計師會叫她不要同時開的原因。

高耗電電器不要放在同一迴路

所以，知道哪些電器會同時使用，這對規劃迴路很重要。原則就是高耗電的電器不要放在同一迴路裡，要高低配，所以像微波爐、烤箱、電磁爐最好分配在不同的迴路中。

但是，根據多位受訪的水電師傅表示，理論上微波爐要用專用迴路，不過，這實在太傷成本，因此大部分裝潢時，並沒有為微波爐設專用迴路，而是與其他家電共用一個迴路。

因此，一般廚房只設2個迴路。2個迴路給誰用，也是看水電師傅的自由心證，有的是一個給漏電迴路，另一個就剩下電器一起用，包括微波爐；有的是根本沒配漏電迴路，就是電器櫃（烤箱、微波爐加電鍋）一個迴路，另一個給剩下的全部。

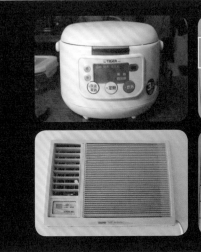

	微電腦炊飯電子鍋　JAU-A55
額定電壓及額定頻率	110V　60Hz
總額定消耗功率	359W
製造年度／編號	2006 08
生　產　國	中國
製　造　廠　商	TIGER CORPO

◀ **煮飯電鍋**
110V，359W，不到4A（安培）。

(kcal/h)	1800
額　定　電　壓	單相220V　60
消　耗　電　功　率 (W)	811
運　轉　電　流 (A)	3.8
能　源　效　率　比　值	2.22kcal/hW(8.81BTU
起　動　電　流 (A)	28
風扇馬達出力 (W)	40

◀ **冷氣**
冷氣使用說明書上也會標示所需電流量。如圖中這台冷氣220V，起動電流為28A，運轉電流為3.8A。

② ▶ 一般家用迴路的用電量，最常見是20A，就是說，超過20A就易跳電。

③ ▶ 高耗電電器，如微波爐、烤箱、電磁爐等最好不要在同一迴路。

以上2種配法都不太好，因為，當你把烤箱（10A）、微波爐（11A）加電鍋（8A）一起用時，總計超過20A，就容易跳電。不過，這也是在火力全開的情形下，若烤箱、微波爐只用較小的火力，耗電量不大未逾20A，或者開的時間不長，無熔絲開關還沒感應到，就不會跳電了。

這部分有點煩對不對，哈，沒關係，不然還是找個專業的水電師傅，你把家裡有的電器列給他就好了，他會幫你算。

 MUST KNOW
你應該知道

**廚房最好設
3 個迴路以上**

安全╋第一

　　講了一拖拉庫，還是不懂的話，建議廚房最保險也要設 3 個迴路（但最好還是 4 個以上），1 個給飲水機及流理枱插座的漏電迴路，其他 2 個都給家電，若你常使

用微波爐、烤箱等用電量超過 10A 的電器，且每次都火力全開，則微波爐、烤箱要分散迴路，不要同時共用一個迴路。

插座設計亂糟糟，有時不夠用，有時沒有用

我很後悔

苦主＿網友 July

最遙遠！
一延再延的延長線，
我們一家都是線

|事件|

我家裝潢好一年後，就漸漸發現「插座不夠用」，當時沒特別注意插座的設計，真的很後悔。有的插座是中看不中用，因為位置不對，根本不會插到；所以家裡常會另拉延長線，有很多電線，很不好看，也常為藏電線而傷透腦筋。

▲ 插座不夠用，只好再多拉幾條延長線。

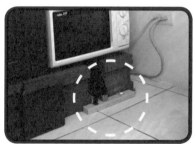

▲ 微波爐應要有專用迴路與插座，但因規劃不良（正確講是沒規劃），最後還是得靠延長線。

現場直擊

▶ 詭異的插座位置
設計在樓梯第一階旁的插座，從未用到過，不知道當時設計在這裡，用意為何？

◀ 吧台加插座
吧台上插座，早餐時用烤吐司機很方便。

如何解決插座數量不足的問題，首要就是列出家中所有電器數量，然後跟專業師傅討論；記得，在水電工程進場前，就要討論好，包括各種設備、電器的位置，好讓插座能充份發揮所長。

 插座老是不夠用嗎？其實這多是配電設計規劃不佳造成的。

姥姥一直很希望天下像賈伯斯聰明的人，能趕快發明有藍色牙齒（簡稱藍牙）的家電，讓插座與電線消失。可惜，短時間內還無法實現，所以裝潢前，一定要找一個專業的水電師傅花個七天七夜一起練功。這個電的部分，水電師傅比設計師重要，因為許多設計師不懂電，最好與兩位一起談，三位臭皮匠勝過一個諸葛亮，日後監工或點交也才有根據。

有找設計師的人可出插座燈具圖，那沒有找設計師或是工班也沒辦法出插座圖的人，沒關係，不怕，只要買個粉筆，可與水電師傅一起把插座預先畫在牆上，看看位置好不好用。

延長線，只增插座孔不增用電量

姥姥家就是插座設計不佳的最佳範例，從建商到兩次的裝潢，因為當時都不瞭用電的重要性，所以未做完善的規劃（飲恨至今）。最後的做法，也只能靠延長線，甚至在廚房就接了兩條，其實這非常不好。

姥姥插播一下，請大家記得，延長線只是多增加插座孔，但並沒有增加用電量，不要以為有孔可插，就代表可以同時使用這些電器；若延長線上有微波爐、電熱水瓶或電暖爐等耗電量大的電器，他們最好都單獨使用，不要同時使用。

那幹麼還要延長線？嗯，當然，能不用就不用，但沒辦法，家裡插座不夠，用延長線有個好處，至少不必在用果汁機時，還得把烤箱的電線拔來拔去的。

如何解決插座數量不足的問題？在規劃插座位置前，有兩點得注意：
1▸ 要列出所有你家的電器，包括未來要用到的（插座與迴路是同步設計的，所以這點是一樣的），然後跟專業師傅討論；記得，在水電工程

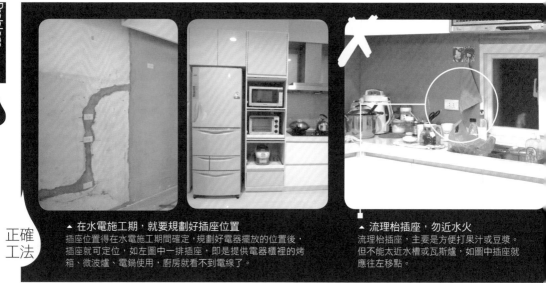

正確
工法

▲ 在水電施工期，就要規劃好插座位置
插座位置得在水電施工期間確定，規劃好電器擺放的位置後，
插座就可定位，如左圖中一排插座，即是提供電器櫃裡的烤
箱、微波爐、電鍋使用，廚房就看不到電線了。

▲ 流理枱插座，勿近水火
流理枱插座，主要是方便打果汁或豆漿。
但不能太近水槽或瓦斯爐，如圖中插座就
應往左移點。

TiPS
血淚領悟 123
安全＋第一

① ▶ 規劃用電迴路時，同
步把插座數量算好。

② ▶ 插座的位置可藏在家具或
廚具的後方，外觀較好看。

進場前，就要討論好。

2 ▶ 要安排好家具擺放的位置，尤其是電視與音響、電腦與周邊設備
等。因為插座的位置可藏在家具或電器形體之下，像烘碗機、電熱水瓶
（或飲水機）、抽油煙機等後方，或規劃在電器櫃櫃身裡，這樣放入烤
箱、微波爐、電鍋後，就看不到電線了。

廚房的電器插座現在多由廚具公司負責規劃，但有的公司不懂插座設計
原則，要提醒一下，流理枱上的插座不要太近水槽或瓦斯爐，水槽下飲
水機的插座也不要離水管太近，以免漏水時潑濕插座。

不過，敘榮工作室提醒，插座數量也不是數量多就能解決所有的問題，
因為若迴路沒規劃好（不懂的請再回去看迴路篇），多插座就只是延長
線翻版，還是會跳電。多插座仍要配合多迴路的設計，但如何取得安全
與實用美觀的平衡，這門學問就叫「配電設計」，裡頭含數學題與社會
題，要精密計算與均衡分配，才能安全用電又方便。

◀ 算算看，你需要幾個插座
以此廚房為例，插座的位置分別為：
A 冰箱、B 電器櫃（有 3 個）、C 烘
碗機、D 水槽下飲水機、E 流理枱壁
面、F 抽油煙機、G 廚櫃上、H 吧台
上，共 10 個插座。

▲ 廚櫃插座不可近枱面
廚櫃或餐櫃上的插座，不要太近枱
面，以免飲料打翻時易潑濺到。

3 ▶ 廚房中除了固定的專用插座
外，還要計算同一時間內會使用
到的電器需要多少插座。

4 ▶ 插座常見的品牌為 Panasonic 台灣
松下（舊名：國際牌 National）。

**)) MUST KNOW
你應該知道**

插座數量實例試算

安全＋第一

　　怎樣看插座數量夠不夠呢？我們來試算
一下插座的數量，以一般廚房為例，先列
出所需的電器設備：

1.設備 ▶ 烘碗機、電熱水瓶（或飲水機）、
抽油煙機、冰箱，各有一個專用插座，因
位置特別，只能自己單獨用，無法與別的
電器共享的插座，共 4 個。

2.常用家電 ▶ 烤箱、微波爐、煮飯電
鍋，多設計在一個電器櫃中，各有一個專
用插座，共 3 個。

3.偶爾用家電 ▶ 這部分家電可共用插座，
以同時間會一起用到最多的家電來計算，

如早餐時會用到蒸東西的大同電鍋、九陽
豆漿機（或果汁機）、烤吐司機，這部分
可共用插座，附 2 個插座即可。

　　所以，一般廚房理論上要有 4+3+2=9
個插座。

　　但像姥姥家，看得到與看不到的加起來，
只有 5 個插座，扣掉不能分享的抽油煙機
與冰箱插座後，真的能用的只有 3 個插座。
就造成每天煮三餐時，電鍋電線常要拔來
拔去，非常不便，只好使用延長線了。

　　姥姥一直很後悔，當初家裡沒好好做配電設計。我家常搬家具，書桌今天在書房，明天就在客廳。但當桌子搬到客廳時，就發現，這面牆沒插座，天啊，於是我家就有許多沿著壁下角角走來走去的電線，我有去買配線槽，但都不好看，且有的地方常常走過就踢到（尤其是我家有個比 8mm² 的電線還粗心的小孩），非常不方便， 所以 ....

提醒 1 常搬移家具，插座得多安裝

若你熱愛家具，常常把家具當小孩，把自己當孟母，有事沒事就愛把家具搬來搬去；或是喜歡把家具當啞鈴，老在家裡練習乾坤大挪移，電視、電腦、音響等都常搬來搬去，那客廳或書房等地方，最好每面牆都留個插座與網路孔。網路孔很重要，別忘了安裝。

▲ 客廳書房最好都留網路插座。　　▲ 若你家家具常常大風吹，最好客廳沙發處也裝插座，以免日後此牆改放電視。

提醒 2 木作櫃內留線槽盒，集中藏線

電視櫃或書桌若是木工做的，可留線槽盒的位置，集中管理與隱藏電線。另外，插座的高度可算好，藏在壁掛電視的後方，或電器櫃的後方。

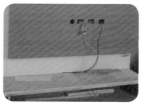

▲ 若是木作電視櫃，可以做個線槽孔（如右圖），沒有做木作電視櫃的人，可以請泥作在電視牆上挖洞埋入ＰＶＣ管，上下端做活動孔，也有隱藏電線的功能。

提醒 3 書桌不靠牆，可設地板式插座

有時餐桌或書桌會放在空間的中央，未靠任何牆，若有插座需求，可設計地板插座；像姥姥家的大餐桌放在客廳，我的電腦也放桌上，電線就只好爬山涉水經過地板才有插座，很不方便。但做地插有個前提，就是必須重做地板，因為地板要切溝讓管線過去，不換地板的，就比較難有此設計。

◀ 地板插座常設計在不靠牆的桌下。

提醒 4

免治馬桶旁需預留插座

馬桶後方多留個插座，以後若要加裝冬天也可暖暖的、讓人感到無限幸福的免治電腦馬桶座，就不必到處找插座了。記得裝漏電斷路器，可與浴室漏電迴路共用。

◀ 馬桶後方留個插座，方便安裝電腦馬桶座。

提醒 5

電話數量與置放處，要納入規劃

房間要放電話或電視嗎？或把家當個人工作室的人，要配第二支及第三支電話，則家裡的電話插座，也要納入規劃，就不只有客房書房！

▲ 電話插座與其後線路的樣子。　　▲ 電視孔與其後線路則長這樣。

提醒 6

影音設備插座，得預先定位

器材音響會放在哪呢？也要好好想想，影音設備多，像CD PLAYER、調頻收音機、擴大機、DVD PLAYER等就需要兩個插座，再加上電視、Wii等，又要再多兩個插座（若還有什麼高檔電器麻煩自己加）。

◀ 只要先規劃好，影音設備的插座就可完全被隱藏。

提醒 7

化妝台旁也需插座

習慣在化妝台吹頭髮弄造形的女性同胞，別忘了在化妝台放個插座。

▲ 化妝枱附近插座，可供吹風機或小桌燈使用。

提醒 8

插座要與水保持距離

再次叮嚀，像廚房水槽附近容易被水潑濺到地方，不適合安裝插座哦！

▲ 像這個插座就太近水槽，裝得不好。圖片提供＿敘榮

燈具開關不順手，老在家裡折返跑！

我很後悔

苦主_網友 Lu

最麻煩！臥室床頭沒開關，睡前還得再下床

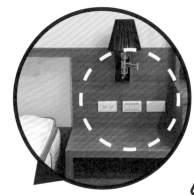

臥室床頭也要設主燈開關，這樣睡前就不必起身去關燈了。

|事件|

我有找設計師，也畫了設計圖，但後來因工程費太超出預算，就自己找工班施工。我本以為設計圖就應把所有燈具開關標好位置，但施工後，發現臥室床頭櫃沒有開關，我習慣在床上看點小書才睡，這樣就得起床去關燈，再回床上；早上起床也是要下床才能開燈；當初有跟工班要求再牽個開關，但工班不肯，一直說這樣差不多，只走幾步路而已，但這幾步路，我覺得很不方便；後來工班說那就再加錢，唉，我已沒預算就算了，但現在還是好後悔，當初應該要做的。

現場直擊

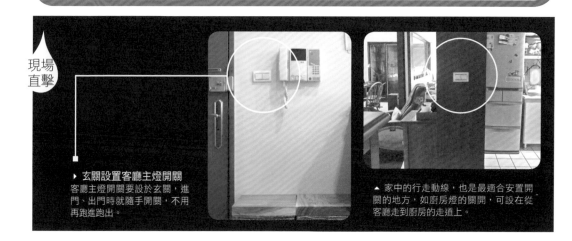

▶ 玄關設置客廳主燈開關
客廳主燈開關要設於玄關，進門、出門時就隨手開關，不用再跑進跑出。

▲ 家中的行走動線，也是最適合安置開關的地方，如廚房燈的關開，可設在從客廳走到廚房的走道上。

開關，是裝修中再小不過的細節，但卻和生活便利緊密相連。在設計圖上設好開關位置後，可以先預演，試著把所有開關的位置畫在牆上，然後走一圈，測試高度適不適合、順不順手，這個測試要在水電進場前完成，才不會又要更改施工。

燈具開關只是個小細節，但就是常常被忽略。姥姥我自家跟網友Lu一樣，原本以為工班會幫我們想好，他們那麼熟練了，比我們更知道「什麼叫便利」，但就是會碰到一些粗心的師傅，雖然機率很低，比中樂透頭獎還低，但機率這個數字絕不能相信。你看，研究指出，中樂透頭獎比被雷打到的機率還低，但在台灣，幾乎每期都有被雷打到的人，有時還一次打到兩三個。

裝潢也是一樣，我們大家都不知何時會被雷打到。

靠工班，靠口碑，真的不如還是靠自己。不管是設計師或師傅，畫好開關圖後，一定要在家中實驗一遍，實地測試好不好用。

首先，先把所有開關的位置畫在牆上，然後走一圈，測試高度適不適合、順不順手，重點是要與生活習慣相合。這個測試要在水電進場前完成，才不會二次更改施工。

姥姥我曾進過一間浴室，門附近內外都找不到開關，又很急了，還好主人記起來我是第一次到她家，立刻貼心地在客廳喊著，在洗水槽的上方；天啊，怎麼把開關放在這呢？旁邊還跟著插座，水很容易潑到，這不好耶，易鏽易漏電。

後來主人才解釋，這是當時她要求鏡子附近要明亮，也要方便插吹風機，於是工班就照她的意思做了，但卻未告知她易發生危險；唉，雖是屋主的要求，但好的工班絕不是屋主說什麼就做什麼，應該要講明優缺點，再讓屋主做決定才是。

一般來說，市面最常見的開關品牌為Panasonic台灣松下（舊稱國際牌）的星光系列。

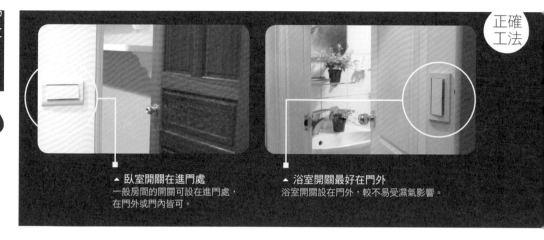

正確
工法

▲ 臥室開關在進門處
一般房間的開關可設在進門處，
在門外或門內皆可。

▲ 浴室開關最好在門外
浴室開關設在門外，較不易受濕氣影響。

五大空間，開關設計重點

好啦，我們來看一下各空間的開關設計要注意什麼：

1.玄關

從進門開始，最常開哪個燈呢？不是玄關燈吧，而是客廳燈。所以，客廳的開關應在玄關處。但若有裝電視燈，沙發附近最好也有開關，而不是在電視那端，這樣坐在沙發上不用起身，就可控制燈光。

2.客廳

燈常開來開去，也可在動線上設置前後兩個開關，採雙邊控制，會更方便。若主燈有3段式燈光，或是做嵌燈，可請工班設為多段式開關（同個開關按壓次數不同來決定燈具亮多少盞），或者是分別開關控制（一個開關就決定亮多少盞），一次開2～4盞燈，有需要再全開，這樣比較省電，而不會一開就8盞全亮。

3.臥室

最好在床頭與進門處都設開關，可雙邊控制，這樣要睡覺前，就不必再起身去關燈。對習慣在床上看書者而言，會很方便。

4.浴室

一般房間或廚房浴室，都是裝在進門處，門外或門內皆可。但浴室裝在門外較佳，因為開關面板內有電線，裝門內的話，浴室濕氣重，會較不好。

5.樓梯

在最上端與最下端都要裝開關，且設計成都能開與關的雙邊控制。這樣不管是上樓或下樓就都可有燈光相伴，不必摸黑爬樓梯。

◀ 嵌燈分段開關，
更省電
不少人家在天花板做
了一排排嵌燈，但並
不是每次都需要五六
顆燈泡火力全開，因
此在開關的設定上，
記得要分段切換，有
時兩個燈，有時四個
燈，視需求而定。

▲ 樓梯開關可雙邊控制
樓梯的開關要上下都設一個，且可雙邊控制。只做
一邊，完工後就會悔不當初，要不上樓梯時摸黑冒
險，要不就是下樓時伸手不見五指邊走邊抖。

TiPS
血淚領悟 123
安全+第一

① ▶ 開關設計圖畫好後，一定
要實地畫在牆上，測試順不
順手。

② ▶ 開關位置設計在動線上為
佳，其他請回頭再看一下五大
空間要點。

◀)) MUST KNOW
你應該知道
開關裝在動線上為佳
安全+第一

除了針對單一空間來思考開關位置，另
一個要考量的，則是動線。所謂動線，就
是你家從客廳走到餐廳、餐廳到廚房、客
廳到浴室、客廳到臥房等路線，因常走動，
開關裝在動線上會較方便。

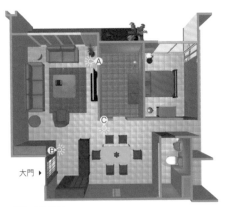

大門 ▶

繪圖__讀力設計

拿我朋友家當例子，這是她家平面圖，
客廳的主燈開關設在 A 處，也就是大門的
對角線最遠端，所以每次出門時，她都要
繞到 A 處去關燈。

B 處也有設開關，但主要控制的是玄關
燈，與客廳到餐廳的走道燈，問題是，她
每次回家，主要是待在客廳，所以會開客
廳燈，而不會開玄關燈與走道燈，因此還
是得走到 A 處去開燈。

我說最好在動線上設開關，意思是像 B
與 C 這兩處，都在動線上，從玄關走向客
廳會經過 B，從客廳走向餐廳會經過 C，
但都不會經過 A，所以在 B 與 C 上設開關
會較方便，都比 A 好。

電線用了黑心貨，超怕隨時短路起火

我很
後悔

苦主 _ 台南地檢署

最擔心！
小小電線大學問，
連地檢署都被黑

| 事件 |

2010 年 9 月各媒體都報導了查獲黑心電纜線的新聞，台南地檢署發現南投光洋電纜公司涉嫌生產銅線較細、絕緣皮較薄的黑心電線，容易短路走火。更可怕的是，這家公司營業額高逾 1 億，且 10 年前就出貨，多流向裝潢、水電業，連台南地檢署的訊問室也被發現用了這批黑心貨。

黑心電線除了絕緣皮較薄、銅線較細，還有一種是外觀長得像白扁線，上頭標示「SPEAKER WIRE」（喇叭線）或是「AUDIO WIRE」，這些都不能用於居家裝潢。（圖片提供－敘榮工作室）

現場
直擊

▶ 合法家用電線，有品牌、線徑等資訊
師傅們拿來的家用電線，就是這樣一大捆一大捆的，上頭可看到品牌名與線徑等資訊。

其實，每條家用的電力線都有政府把關，法規規定一定要送檢，既然如此，黑心電線又是如何到你家的呢？就是有不肖電線業者，以不必送檢的音響喇叭線的形式出貨。然後，經銷商再以低於市價 1/3 ～ 1/2 的價錢，賣給水電師傅。

水電最重要的一步就是找到有執照又專業的好師傅，因為水電關乎人命安全，找到好師傅，以下就不必再看了。不過，理論是如此，但實際情況是，我看過有照的師傅仍做得2266，也看過30年經驗的老師傅亂做一通。

姥姥曾經採訪到一位基層水電師傅，他就是那種沒考照但也會去你家接電的基層師傅。他是這麼說的：

我知道有的同行為了省錢，會用較不好的電線。不過，我想替師傅說句話，那不是師傅要用的，我們只出工，材料都是老闆拿給我們的。若屋主有交待，我們就用太平洋的，若沒指定，那當然就不一定什麼牌子；但也不能怪老闆，有時屋主自己把價錢砍那麼低，拜託，就算我們的工錢不算好了，那些電線電管都是要成本的，一塊就是一塊（指價格），建材行又不會算老闆便宜點，當然能省一點就是一點。

但你也別大驚小怪，這沒什麼，只要是台製的電線，也能好好過個10年沒問題，但不要用電用過頭，不然就不敢這樣保證了。

所以你看，「有交代」要用合格的電線是很重要的。其實，每條家用的電力線都有政府把關，法規規定一定要送檢。那黑心電線是如何到你家的呢？做了黑心電線的業者當然不敢送驗，有的則是想省下送檢的錢，於是就改以不必送檢的音響喇叭線的形式出貨。然後，經銷商再以低於市價1/3～1/2的價錢，賣給水電師傅。

有些不良裝潢水電師傅為了省成本，就買這種便宜的電線，反正屋主與設計師通常不會看電線，看也看不懂，很好矇混過關。而且住又不是他們在住，到時電線走火也不關他們的事。

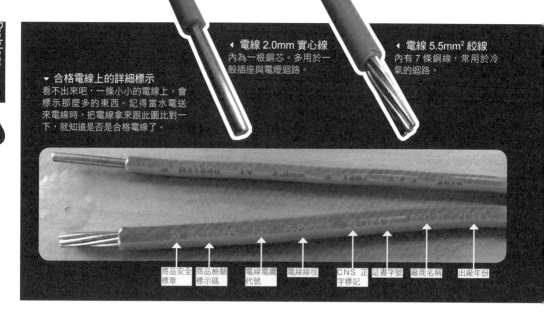

◀ 電線 2.0mm 實心線
內為一根銅芯。多用於一般插座與電燈迴路。

◀ 電線 5.5mm² 絞線
內有 7 條銅線，常用於冷氣的迴路。

▼ 合格電線上的詳細標示
看不出來吧，一條小小的電線上，會標示那麼多的東西。記得當水電送來電線時，把電線拿來跟此圖比對一下，就知道是否合格電線了。

| 商品安全標章 | 商品檢驗標示碼 | 電線電纜代號 | 電線線徑 | CNS 正字標記 | 証書字號 | 廠商名稱 | 出廠年份 |

血淚領悟 123

安全+第一

▶ 電線品牌要求通過 CNS 檢驗，如太平洋。

家用電線常見的兩種規格

要防黑心電線進入你家，靠水電師傅的良知是沒用的。你看，連地檢署這種有超強法力的地方都被黑心了，可見不肖水電師傅有多大膽，所以一定要要求各電路建材的品牌與規格，最好在估價單上標示清楚。

家用電線最常見兩種規格。一般110V的迴路用2.0mm的實心線，220V的冷氣用5.5mm²的絞線（註 1 ）。牌子只要是通過CNS檢驗的，品質都沒問題。一般較常見的為「太平洋」或「華新麗華」等。

從顏色上看，電線有3種顏色，紅（為火線，有電的）、白（中性線）與綠色（接地線）。一個插座後頭應有這3色的電線，要請師傅照正確的色線來使用，儘量不要替換，以免日後維修換燈具或換電線時，容易判別錯誤弄錯線。

註❶：這是以最常見的家庭配電狀況所給的建議，會因你家實際用電量不同而有不同的配備規格。

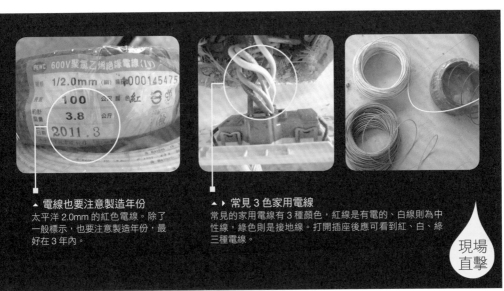

▲ **電線也要注意製造年份**
太平洋 2.0mm 的紅色電線。除了一般標示，也要注意製造年份，最好在 3 年內。

▲▶ **常見 3 色家用電線**
常見的家用電線有 3 種顏色，紅線是有電的、白線則為中性線，綠色則是接地線。打開插座後應可看到紅、白、綠三種電線。

現場直擊

② ▶ 110V 的用 2.0mm 的實心線，220V 的冷氣要用 5.5mm^2 的絞線。

③ ▶ 電線送到場時，要檢查規格尺寸以外，還要注意出廠時間，最好不要超過 3 年。

SOS 補救手帖！

第一眼先確認有無 CNS，與商品安全標章

安全第一

　　電線是規定強制檢驗的商品，不管國內或國外來的電線，都需經過經濟部標準檢驗局，檢驗合格，就貼上「商品安全標章」。所以合格的電線「一定要有」這個安全標章，除了圖樣本身，下方還會依照分類有不同的標識碼。

　　此外，若產品符合國家標準（CNS），且工廠也符合國家品管標準，就可在產品上印正字標記。這個標記不是每條電線上都有，若有當然就更好。

▲ CNS 正字標記　　▲ 商品安全標章

　　除了一般標示，也要注意製造年份，最好在 3 年內。一條電線絕緣皮的耐用年限約 15 ～ 20 年，但就是會有些水電會買較老舊的庫存電線，或不知哪裡拆下來的老電線。

接地線設計，防觸電必備工法

你要當心

達人_水電師傅 M + X

最忽略！沒接接地線，容易被電到

| 事件 |

裝潢配電規劃時，很多人都沒做接地線。不接接地線，在漏電時，電沒地方去，會留在電器上，當你觸摸漏電的電器，會被電到。若有接地，可導電散去，觸電的危險較低。

這是 8 年屋齡中古屋的電箱，下方後排接綠色線的一排，即為接地線的端子板（也稱銅排）。

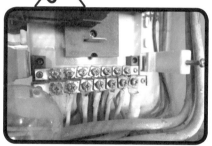

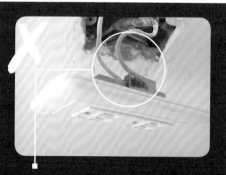

現場直擊

▲ ▶ 插座要三孔，才能裝接地線
安裝接地線的插座面板為 3 孔式，打開面板，後方綠色線即是接地線。

▲ 即使是三孔插座，也不代表有接接地線
這張照片是姥姥到一位網友家拍到的，水電師傅不但沒接接地線，而且還把綠色線當白色中性線用，都是不對的。

在總開關箱中，有一排接綠色線的銅排，即為接地線的端子板。接地線可讓用電更安全，每個插座都應接接地線，但有的師傅會偷工，不做接地線。結果就是達人們講的，可能會造成觸電。

電線工法最常被「省略」掉的，就是接地線。

在總開關箱中，有排接綠色線的銅排，即為接地線的端子板。接地線可讓用電更安全，每個插座都應接接地線回到總開關箱，但有的師傅會偷工，不做接地線。結果就是達人們講的，可能會造成觸電。

現在新房子都有接地設計，所以一定要請師傅做接地，不過，若是25年以上老屋，尤其是老公寓，都未在建物設接地系統，那就不必考量接不接地了，因為一定要大樓有設計接地，家裡接接地線才有用，電才能導入地下。

當然，我們也可請水電師傅自己做接地，在總開關箱裝設接地的端子板，從中牽出接地線。另個較簡單的做法，是把接地線連結到總開關箱的箱體就可以了，但這樣接地的效果並沒有很好，不過，有做比沒做好。

除了接接地線，插座面板也要用3孔式的，不能用兩孔，因為兩孔的沒辦法插接地線。接地線的線徑大小也要注意，一般插座迴路，最好要求線徑2.0mm的實心線，或者可與師傅討論，視過電流保護器的額定電流量不同而定（可參看電工法規第26條）。

TiPS

血淚領悟 123

安全＋第一

① ▶ 要求水電師傅接接地線。

② ▶ 接地線的線徑，要求用2.0mm實心線。

配電管看仔細，別讓家中電線穿錯防護衣

我很後悔

苦主 _ 網友 July

最呼攏！配電管硬管變軟管，日後易變形

| 事件 |

我家地板內的配電電管，師傅配的是軟管，就是壓下去會凹的管，我監工時，看他有用配電管就沒管他，後來才知道，這種走牆壁或地面的配電管，要用硬管！很擔心不知道時間久了，會發生什麼事？

表面像波浪的浪管，也叫蛇管，有硬的（叫 CD 管），也有軟的（PE 管），若是要走在泥作地板或牆壁內，要用硬管。

配電管就是用來保護電線的管子，有分硬管與軟管，依照電工法規規定，若是走牆壁或地板內的，都要用硬管；軟管則是用在天花板或木作內。因為埋在水泥內，硬管較不易變形，若用軟管，容易被擠壓變形，日後不易抽換電線。

一般配電管的硬管，有PVC塑膠管或CD管。PVC管的品牌多是用南亞，就是我們一般見的表面平滑長管。那CD管表面像波浪，也叫浪管或蛇管，但麻煩的是，這浪管也有出軟的（叫PE管），且兩個長得一樣，所以你要摸摸看踩踩看，是硬管才能走在地板或牆壁裡。

配電管就是用來保護電線的管子，若是走在牆壁或地板內的，都要用硬管；軟管則是用在天花板或木作內。因為埋在水泥內，硬管較不易變形，若用軟管，容易被擠壓變形，日後不易抽換電線。

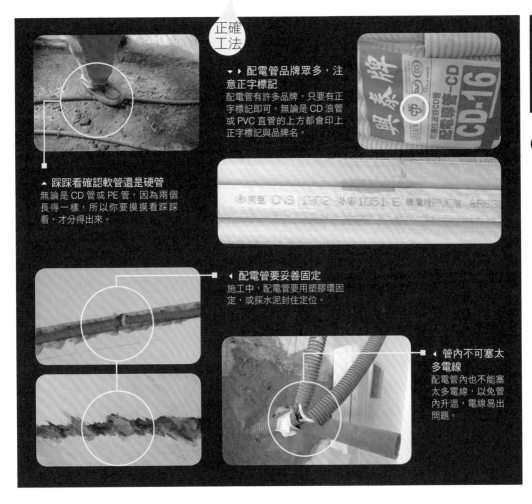

正確
工法

▶ 配電管品牌眾多，注意正字標記
配電管有許多品牌，只要有正字標記即可，無論是 CD 浪管或 PVC 直管的上方都會印上正字標記與品牌名。

▲ 踩踩看確認軟管還是硬管
無論是 CD 管或 PE 管，因為兩個長得一樣，所以你要摸摸看踩踩看，才分得出來。

◀ 配電管要妥善固定
施工中，配電管要用塑膠環固定，或採水泥封住定位。

◀ 管內不可塞太多電線
配電管內也不能塞太多電線，以免管內升溫，電線易出問題。

TiPS
血淚領悟 123
安全＋第一

① ▶ 走在牆壁內或地板內的配電管，要用 CD 管或 PVC 管等硬管，不能用軟管。

② ▶ 浪管有分硬的與軟的，因外型差不多，要確認是硬管。

③ ▶ 配電管要固定好，管內也不可塞入太多電線。

水電工程

09

冷熱水管交疊，竟沒放絕緣物

你要當心

達人 _ 今硯設計張主任、設計師林逸凡

最粗心！
熱鋼管緊貼冷膠管，
容易破裂漏水

事件

姥姥在網上 po 了一張網友家的水管圖，沒想到也是有問題的工法。經達人提醒，冷熱水管在交接的地方，竟沒有放絕緣隔熱物。因為冷水管是 PVC 塑料材質，而不鏽鋼熱水管通水時是很熱的，冷水管長期受熱的那個點，材質易軟化變形破裂，造成漏水。

▲ 真是的，冷熱水管交疊處竟直接交疊，沒有放絕緣隔熱物。

▲ 冷熱水管距離太近，部分區域也是緊貼著，這樣不好，也沒做固定。

現場直擊

廚房　　　　　　　　　　　浴室方向

▶ **廚房浴室，水管終點站**
在一般住家，水管走的路線，就是從熱水器到廚房及浴室。

老屋翻新中，更換水管是免不了的工程，特別是 20 年以上的老屋，最好全面更新。一般冷水管多是用 PVC 塑膠管，熱水管是壓接不鏽鋼材質，除了避免交疊造成破漏，還要考慮長距離拉管水壓不足等問題。

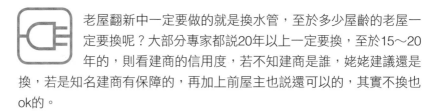

老屋翻新中一定要做的就是換水管，至於多少屋齡的老屋一定要換呢？大部分專家都說20年以上一定要換，至於15～20年的，則看建商的信用度，若不知建商是誰，姥姥建議還是換，若是知名建商有保障的，再加上前屋主也說還可以的，其實不換也ok的。

網友July家因排糞管被打破，姥姥PO出幾張她家的照片。不料，就被設計師捉包：她家的水管裝設有問題。

我們從水管裝設的原則談起。

[原則1]　冷熱水管距離不能太近，也不能緊貼
一般冷水管多是用PVC塑膠管，熱水管是壓接不鏽鋼材質，熱水管通熱水時是很燙的，若兩管緊貼，高溫會脆化冷水管的塑料材質，雖然現在的塑料比較耐用，但長期下來，可能會變形破裂，造成滲水。

所以，冷熱水管最好不要交疊，但裝潢的原則就是沒有原則，因屋況不同，有時一定會交疊，那就必須在交疊處放絕緣隔熱的東西，如PVC保溫片；網友July家的就沒有放任何隔熱物，這就會加速冷水管的脆化變形。

[原則2]　冷熱水管要用固定環固定好
工程中動盪多，水管固定好可減少被踢到踩到而移位的機率，若真移位，易造成接頭鬆脫而漏水，千萬別以為這種事不會發生，或是師傅一定會幫你設想周到，凡事還是多注意些好！

[原則3]　長距離拉水管時，要主幹粗、分枝細
同一管水管管徑愈長，末端水壓會減弱。所以像July家從頭到尾都是4分

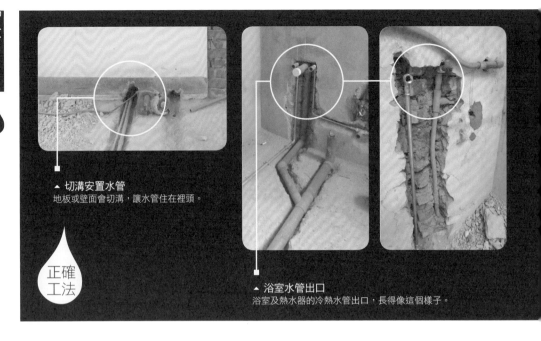

▲ 切溝安置水管
地板或壁面會切溝，讓水管住在裡頭。

正確
工法

▲ 浴室水管出口
浴室及熱水器的冷熱水管出口，長得像這個樣子。

TiPS
血淚領悟 123
安全◆第一

① ▸ 冷熱水管不能太近，也最好不要交疊，若沒辦法一定
要交疊，中間要放入絕緣隔熱物質。

管，當水從後陽台一路長途跋涉到浴室時，早就沒力了，易造成末端水壓（如浴室shower）變小。

更好的工法是主幹管的管線大、分支管線小，如一般老公寓從水表下來的進水管為6分管，在熱水器、廚房與浴室的入口處分支管線再用4分管。這樣較易維持水壓。

[原則4] 水管材質要指定

一般傳統的做法，冷水管是用南亞的4分塑膠管，熱水管用4分不鏽鋼壓接管。不過，在超高樓層的大樓，位於低樓層水壓較大，有的PVC管耐不住壓力，或因清洗水塔時而爆管，所以，最好冷水管也用不鏽鋼壓接管。

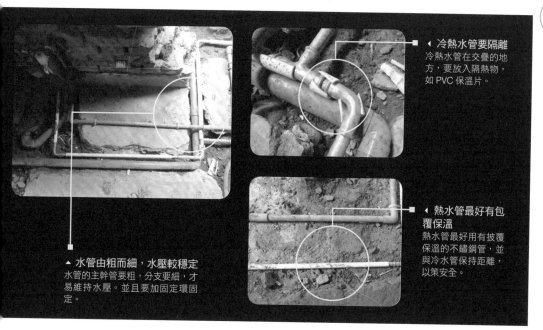

◀ 冷熱水管要隔離
冷熱水管在交疊的地方，要放入隔熱物，如 PVC 保溫片。

◀ 熱水管最好有包覆保溫
熱水管最好用有披覆保溫的不鏽鋼管，並與冷水管保持距離，以策安全。

▲ 水管由粗而細，水壓較穩定
水管的主幹管要粗，分支要細，才易維持水壓。並且要加固定環固定。

② ▶ 主幹要粗，分支要細（如熱水器、廚房、浴室），如 6 分管主幹配 4 分管分支，才能維持水壓。

③ ▶ 冷水管傳統用 PVC 塑料管，有預算的話，可改不鏽鋼壓接管；熱水管傳統用不鏽鋼壓接管，有預算的話，可改有保溫的不鏽鋼壓接管。

[原則5] 水管做好就測試是否漏水
水管裝好後，最重要的來啦，當場要試水，都沒漏就ok了，若有漏水，也很容易找到，千萬別等水泥都鋪上去才試水，漏水都不知是哪在漏。

SOS
補救手帖！ 熱水易冷，可用保溫型水管

有沒有遇過在放熱水洗澡時，常需等很久，冷水才會變熱水；還有，第一個人洗完，若間隔較久才洗第二個人，又要重新等熱水來。

這些都是因熱水管沒有保溫層，熱水散熱快造成的，所以，若預算夠的話，建議熱水管最好採用有包覆保溫的不鏽鋼壓接管。

水電，你該注意的事

現代人生活要享受，使用的電器愈來愈多，除了傳統家電，還有什麼做麵包機、豆漿機、敷臉機、泡腳機等，需要的用電量愈來愈大。老屋的進屋線（總開關上面那條最粗的就是了），多半耐電流的安培數不夠，若要增加用電量，這部分要請專業的電器承裝業者，加大進屋線，整棟房子的耐電流即可增大。

其他還有幾項建議，一起來看看吧！

提醒 ❶ 弱電箱以方便維修為上

除了總開關箱外，家裡也常會再設個弱電箱。弱電箱是做什麼工作的呢？它也是管很大，包括網路、電視、電話等。若我們説總開關箱是幫你生活得更好，那弱電箱就是幫你活得更開心。任何你個人要與社會不相干或相干的人有所交流，或無聊時想來點樂子，都要靠弱電箱。

弱電箱除了設計在總開關箱下方，也可以移到影音櫃或書房中，因為這兩處設備較多，日後若有要維修或增添電器，會比較方便。

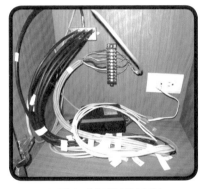

▲ 弱電箱也可移位到影音櫃或書房中。

提醒 ❷ 玄關可安裝感應燈

玄關可裝感應器，一開門燈就會亮。一進門就能感到溫暖，也不必在黑暗中找開關，尤其是趕著回家上廁所時，這自動會亮的燈，真的很好。

▸ 大門一開，玄關燈就會亮。

提醒 3 後陽台安裝止水閥

以前關水的總開關多安裝在頂樓，家裡若有漏水，還要跑到樓頂去關水，現在水電師傅可以在家裡後陽台（或是水管主幹管上）裝個「止水閥」，要關總開關就不必再跑到樓頂，這個很好用，要記得請師傅裝一個。

▲ 在後陽台或進水主幹管裝個止水閥，以後關水的總開關就不必再跑到頂樓去了。

提醒 4 吊架懸掛水管，不必再敲地板

傳統水管管路會走地板，但現在也有許多是走在天花板內，用吊架懸掛水管。這樣做的好處是若有漏水或要維修，可以不必打地板，直接掀開天花板的維修孔即可。因為打地板不但要花較多的錢，且打完全部的地板還不一定捉得到漏水。

▲ 水管走在天花板內，日後維修更方便。

MUST KNOW 你應該知道

不做天花板的配電法

姥姥常建議沒錢就不必做天花板了，但許多電線都是包在天花板內，若沒有了天花板要如何走呢？這時就要走牆或屋頂，要在水電動工前，先與水電泥作冷氣等工班商量好，如何走管線，尤其是要經過門的地方。

◀ 門的地方有門檻門框，可走地板，若地板也不打掉重做，那只好走牆，這部分要與師傅們先談好規劃。

▲ 若磁磚地板要改鋪木地板，可以直接在地磚上切溝，走電路管線。

097

裝修水電奇事，別讓它落在你家

有些網友家裡也遇到天兵師傅，姥姥就放在這章節，讓大家開一下眼界，知道這世上真是無奇不有。

像有水電師傅只裝插座，但沒拉電線。你可能會覺得扯，姥姥也是。但我在 2012 年的 1 月，對，就是寫這篇文章的前一個月，才在網友雞肉卷家中拍到這麼扯的事。（註1）

他家廚房設了個中島桌，桌內有個插座，但就是沒有拉電線，後來他還自己牽電線補救。他家的鳥事一堆，像電線沒鎖好、門鈴裝反，都是位有 40 年老經驗的水電師傅做出來的，真不知他這 40 年在混什麼，所以啊，有經驗不代表就做得好，別被人唬了。

此外，也有兩位超厲害的師傅，配電箱的電線接法也是空前絕後，反正「別人的囝仔死不完」。裝修有很多料想不到的奇事與狀況，看看別人遇到的事，記得提醒一下自己要盯著點……

狀況 1 插座不良品

有看到嗎？原本應該插進插座的白色電線，已「脫離」了插座，而露出內部銅芯。為什麼？不是水電師傅沒插好電線，就是這插座有問題，夾不緊電線，而讓電線鬆脫了。但不管是哪個原因，都不該發生在現代社會。

▲ 白色電線鬆脫，不是沒裝好，就是插座的品質有問題。圖片提供──雞肉卷

狀況 2 中島桌有插座沒電線

就是這個中島沒拉電線，下方櫃內有個插座（抱歉，因被塑膠套封住，沒法拍到裡頭），左下方有沒有看到一條電線，就是屋主雞肉卷自己牽的線（黃圈處），為什麼？因為水電師傅忘了牽線。

▲ ▶ 這工班有做中島，也有做插座，但就是忘了牽電線，很扯吧！

狀況 3 門鈴正反不分

連門鈴都裝反，超樂觀的雞肉卷
說，他不改這個，要留著做紀念。

▲ 40 年經驗的老師傅，把門鈴都裝反了。

狀況 4 剪銅線只為塞進小號壓接端子

電線內會有好幾股銅線，理論上要
把每根銅線都塞進壓接端子中，但
這個建商用了較小號的壓接端子
（應是要用吻合尺寸的），只好把
銅線剪掉5股，硬塞進小號的壓接端
子中。那這條電線可承載的電流量
自然就要打折了。

▲ 未使用吻合的壓接端子，卻把銅線剪掉 5 股硬塞。

狀況 5 剪完銅線，連壓接也省了

一樣也是把幾股銅線剪掉，而且這
端子還沒有壓接（要壓扁端子，才
能固定電線），所以電線很容易就
會掉出來。

▲ 接地線只插進 3 股芯線，而且沒有壓接。

註❶：網友雞肉卷的悲慘事件全貌，可上mobile01查詢。雞肉卷大大也是個在01上找統包的受害者，現在太多人做置入性行銷做到網路論壇中。他拍下自家的照片，有圖有文，且寫得讓人笑到噴淚，千古一世的好文，供大家分享。http://www.mobile01.com/topicdetail.php?f=400&t=2513320

冷氣工程

許多環保人士推動不要開冷氣，甚至不要裝冷氣。但住在水泥大樓的我們，實在無法動到外牆去改善通風環境。若不開冷氣，夏天晚上還真的睡不著覺。也希望建商能多用點大腦，規劃好通風動線，我們就可省點冷氣電費。

所以，還是來講一下冷氣如何安裝吧。因為安裝位置不對，即使溫度設定在 20 度，你也覺得不冷，徒然浪費電而已。冷氣要安裝到對的位置，才能發揮最大效能，在最省電的情況下，達到我們要的冷房效果，也算為節能減碳盡份心。

point1. 冷氣，不可不知的事

[原則1] 室內機與室外機距離越近越好

[原則2] 管線要走明管，易維護

[原則3] 冷氣不要對著人吹

[原則4] 管線過牆要洗洞

[原則5] 冷氣噸數要夠

[原則6] 冷氣裝設點不要近廚房

[原則7] 分離式冷氣室內機要隔層裝

[原則8] 室外機的散熱空間要足夠

[原則9] 安裝在輕隔間牆要加支撐

point2. 容易發生的2大冷氣問題

1. 最悶熱！冷氣被裝在格柵中，整個夏天都在冒汗

2. 最失衡！冷氣安裝在短邊牆，空間半冷半熱

point3. 冷氣工程估價單範例

工程名稱	單位	單價	數量	金額	備註
全室分離式空調工程	台				1台分離式壁掛／日立品牌／型號／噸數
全室吊隱式空調工程	台				2台吊隱式／大金／型號／噸數
管線洗洞	處				客廳外牆、臥室隔間牆
冷煤管外包覆泡棉	式				管線走在木作牆內時才需要此項目
包覆冷煤管木作假樑／假牆	呎				客廳、臥室處
水泥牆施作打鑿埋排水管	式				排水管需銜接至大樓排水系統

木作天花板擋住吸風口，冷氣效果打折扣

我很後悔

苦主 _ 網友阿樹

最悶熱！冷氣被裝在格柵中，整個夏天都在冒汗

| 事件 |

新家裝潢好時，我們一家人都很開心，但這個夏天，我們一直很煩惱冷氣為何不冷，找了師傅來看，他說，那是因為木作包覆方式不對，冷氣才會不冷，不是冷氣的問題，他建議，要把「才剛做好的」包覆木作打掉。

冷氣出風口被木格柵擋到，造成冷氣不冷。

正確工法

▲ 冷氣可設計在木作天花板下方
若有做木作天花板，可將冷氣機體下移，別讓天花板擋到出風口。
圖片提供─集集設計

▲ 吊隱式設計，隱藏冷氣另一種選擇
若真的覺得冷氣機體難看，可以做吊隱式冷氣，外觀就只看到出風口，看不到機體。

以冷氣原理來談，冷氣是靠吹出冷空氣，使空間降溫。但它一直吹出冷空氣，怎麼知道還要不要繼續吹，何時已到適溫了呢？答案就在上方的吸風口，吸風口主要功能是用「迴風」來測屋內的溫度。若木作包起來後擋住吸風口，就等於擋住了迴風，因而造成冷房效果不佳。

説實在話，姥姥真的不知是哪個設計師，想出「用木作包覆冷氣機」的不良設計，然後就有一大堆只會抄襲而不知其所以然的設計師跟著做，再然後，又有一大堆媒體記者搞不清楚狀況，一個勁地説好；最後，當然是屋主遭殃。

用木作包覆冷氣機為什麼會造成冷氣不冷，浪費電，我們來看一下。

第一，冷氣底下為出風口，但外頭就是木格柵擋著，雖然木條中間有空隙，但仍會擋到冷氣出風量。第二，冷氣是靠上方的吸風口，負責測屋內的溫度。木作包起來後，擋住了迴風，造成冷房效果不佳。

我猜，第一位如此做的設計師，可能有兩個原因。一是屋主裝潢後沒錢了，得沿用舊冷氣，為了讓舊冷氣與新裝潢相符，就要求設計師把舊冷氣「遮掉」；二是為了好看，設計師或屋主覺得冷氣不好看，所以用木作把它包起來。

但室內設計，不只是好看而已，實用性絕對要排在好看之前。再説，我們説一樣東西的美醜，是被教育來的，每個世代、地區都有自己的審美觀。為什麼會覺得冷氣醜呢？我就覺得現在的冷氣都不難看啊，真的，不難看；就算你覺得不好看，冷氣的功能在冷房，又不是好看來著；就像上餐廳吃館子，你會在乎廚師長得好不好看，還是廚藝好不好呢？

因此，不要用木作來藏冷氣，真的，冷氣沒有不好看；若真的不想看到冷氣室內機，那就安裝吊隱式冷氣，主機藏在天花板中的。

搞懂迴風原理，冷氣問題自然解決
但有時冷氣的確會與木作天花板當隔壁鄰居，到底要怎麼做才能保有冷氣的功能呢？

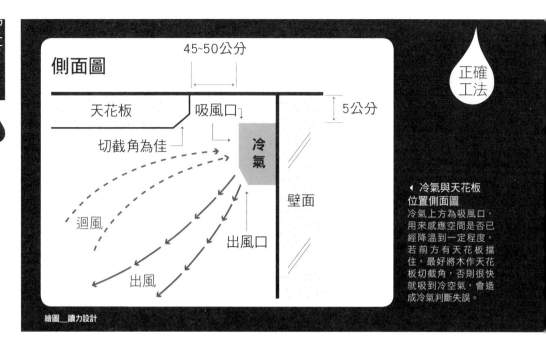

正確
工法

側面圖

45~50公分

天花板　　吸風口

切截角為佳

5公分

冷氣

迴風

壁面

出風口

出風

繪圖__讓力設計

◀ **冷氣與天花板**
位置側面圖
冷氣上方為吸風口，
用來感應空間是否已
經降溫到一定程度，
若前方有天花板擋
住，最好將木作天花
板切截角，否則很快
就吸到冷空氣，會造
成冷氣判斷失誤。

以冷氣原理來談（見上圖），冷氣是靠吹出冷空氣，使空間降溫。但它一直吹出冷空氣，怎麼知道還要不要繼續吹，何時已到適溫了呢？答案就在上方的吸風口。

運用冷空氣下降，熱空氣上升的原理，假設室內原本32℃的空氣與冷氣混合後，變30℃，這熱風會往上，冷氣的吸風口吸進熱空氣後（這個過程稱迴風），機體內會判斷現在的室溫，然後，再繼續送出冷氣，直到整個空間到你調的冷氣溫度，如28度，它就會不再送冷氣出去。

若迴風空間不夠，或者在冷氣出風口的地方有木作擋住，造成冷氣上方的吸風口，很容易就吸入剛剛才吹出去的冷空氣（簡稱短循環），而吸不到外邊的熱空氣，就會造成冷氣「以為」室內空氣已降溫了，因此就不再送冷空氣出去；但實際上，外頭空間還熱得跟什麼一樣，你就會覺得冷氣不冷。

所以，讓冷氣有迴風空間是很重要的，最好不要在冷氣外有任何包覆木作。日立冷氣的陳工程師則提醒，木作包覆冷氣也有個大問題，就是日後維修不易。若連要伸手進去拆冷氣都有困難的話，還得把外頭的木作打掉。

所以，別再做木格柵了，木條會擋到出風口，對冷氣的冷房效果不好。

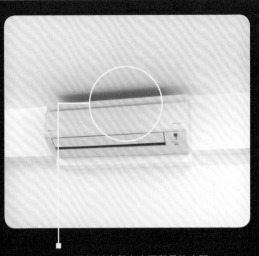

▲▶ 冷氣前方與上方要留足夠空間
冷氣前方不要被擋住,要預留足夠的空間,除了迴風效果好之外,也方便將濾網拆下清洗。冷氣上方與天花板的距離,也要留 5 公分以上。

TIPS
血淚領悟 123
安全+第一

① ▶ 冷氣出風口前方最好什麼東西都沒有,以免出風不順,更不要設計木作來包覆冷氣機體。

② ▶ 冷氣要留足夠的迴風空間,上方至少 5 公分以上,前方至少 45 公分以上,以免因迴風不佳,造成冷房不冷。

◀》MUST KNOW
你應該知道　　冷氣距天花板 5cm 以上
安全+第一

　　一般冷氣安裝說明書上,會寫機體與上方天花板的距離為 5 公分以上,但日立的冷氣師傅建議最好留 15 ～ 20 公分,讓迴風更通暢;冷氣前方則最好都不要擋住。

　　但有時冷氣前方就是木作天花板,今硯

設計張主任提醒,要留 45 ～ 50 公分的空間,才方便拆濾網下來清潔。若無法在前方留 45 ～ 50 公分,也可以把天花板的一角裁掉,設計成斜角,這樣就不會擋到冷氣迴風了。

冷氣工程

02

冷氣要裝在長邊牆，迴風較佳

我很後悔

苦主 _ 網友 Sean

最失衡！
冷氣安裝在短邊牆，
空間半冷半熱

│事件│

我家的冷氣安裝時，冷氣師傅只看哪面牆離室外機近，就安裝在哪面牆。後來，我才知道冷氣要安裝在長邊牆，才能在更短的時間內讓室內冷下來。但看來，師傅們是完全不知道這原則。

其實長邊牆距室外機並未超過 5 公尺（超過要收費），但師傅還是把冷氣裝在短邊。

正確工法

迴風均勻

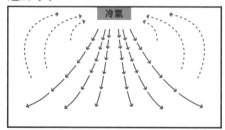

▲ 冷氣在長邊牆，均冷
冷氣裝在長邊牆，迴風的平均距離較短。

迴風較慢

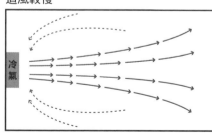

▲ 冷氣在短邊牆，遠端熱
冷氣在短邊，對岸的熱空氣就得千里迢迢才能回到冷氣身上，容易造成冷氣判斷室溫錯誤，造成冷氣不冷。

繪圖 _ 讀力設計

冷氣安裝有許多原則,其中有一點常被遺忘:若是在長方型空間裡,要安裝在長邊的牆面的中間位置,冷氣效果最好。因為,當冷氣裝在長邊牆的中間時,出風就能以最短距離到達角落……

 冷氣安裝有許多原則,其中有一點是常被遺忘的:若是在長方型空間裡,要安裝在長邊的牆面的中間位置,冷氣效果最好。

為什麼冷氣要裝在長邊牆呢?再來複習一下冷氣的啟動原理。冷氣出風是靠室內空間迴風的溫度而定,所以若冷氣吹出後,能與原本的熱空氣均勻混合,並回傳給冷氣的吸風口,就能讓冷氣知道現在還要不要多出力去冷卻空間。

所以能讓冷氣在愈短的時間內,均勻吹滿空間,降低室內溫度,冷氣就能愈省電。

當冷氣裝在長邊牆的中間時,出風就能以最短距離到達角落,與原本熱空氣混合後,也能較快回到冷氣身上。(見左頁左圖)

別讓冷氣誤會全室已降溫

冷氣若裝在短邊,冷空氣會花較長的時間才能到對岸的角落,均勻空氣的溫度時間會較久,尤其是在狹長的空間,若距離很長,如有時是開放式的客餐廳空間,熱空氣不易傳回冷氣本身,如冷氣設定28度,冷氣這邊客廳已28度,但對岸餐廳還在32度,因冷氣感受不到熱空氣,造成它誤認已到28度而減緩運轉速度,就會讓人覺得冷氣不冷。(見左頁右圖)

以上是理論如此,**實際上裝設會有很多考量**,例如風會不會吹到頭,或者有時要裝長牆的話,冷媒管會太長(超過免費安裝的長度),或是要走明管,有人無法接受等等,所以有時還是會裝短牆,但只要空間不大,冷氣多費點力,空間還是可以冷下來;只有在空間較大時,或是開放空間,這原則就要好好考慮。

正確
工法

◀ 冷氣最好安裝在長邊牆
較大的空間，冷氣安裝更要在
長邊牆才有效果。不過，因為
影響冷房的因素頗多，仍要通
盤考量。

TIPS

血淚領悟 123

安全＋第一

① ▶ 在長方形的空間裡，冷氣最好裝在長邊的牆中間。

BONUS
同場加映

吹冷氣先受氣

網友 Sean 家的冷氣，不只有裝在短邊
的問題，其他的且聽他說來：

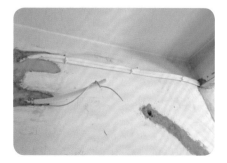

▲ 師傅自己認定天花板的高度，自己設定冷氣位置，未跟
屋主溝通，所以冷氣裝得太低了。

我家冷氣師傅也超有個性的，要安裝前，
完全不跟屋主溝通，憑著自己「經驗」來
認定冷氣應裝在哪裡，講的時候還很專業
的樣子。結果卻完全不是那麼回事。

那位師傅認為，客廳一定會做天花板，
而且是與右邊的樑齊高，所以把管線只走
在樑下的上面一點，但實際上，我們要做
的天花板在更上方一點，所以造成這管線
會外露。

最後，在家人與冷氣師傅大吵一架後，
由木作師傅收尾（很戲劇性的發展吧），

◀ 冷氣對餐桌，飯菜易冷
將大頓位的冷氣直接安裝在對著飯桌的廚房外，除了飯菜易冷，也對著用餐的人直吹，不是很舒適。

▲ 房間冷氣裝窗邊，就怕對著人直吹
此臥室裡冷氣裝在窗邊，主要因為長邊牆是放床的地方，若冷氣裝上會對著人吹，在兩相權衡下，裝窗邊仍是較好的選擇。

 ▶ 冷媒管距離要算好，盡量爭取在免費安裝的長度裡。

 ▶ 冷氣排水須依規定接到大樓排水系統，不能亂排。

將管線往上移點，整個冷氣往上移，然後，木作師傅「再加做」一面木作牆，真是令人昏倒的木作牆，還要 2 萬元。

問題還沒完哦，接下來，樓下鄰居來抗議了，因為她家的雨棚會滴水；原來，這也是那位天兵師傅的 idea，他想說，只要把冷氣排水排到壁上「順流」下去就好，把水管放在雨棚上方，這樣管線也最省，沒想到，水就順流到樓下了。這是不行的，冷氣的排水不能亂排，這跟亂滴水是一樣的，會被罰。

被盯了後，冷氣師傅就乖乖地把管線接到公寓公用的排水管，排水就能直接排到一樓的下水溝中，到此我家的惡夢也終於結束了。

▲ 靠木作解救錯誤的冷氣位置，但多花了錢，美感也沒加分。

▲ 冷氣排水管還「順接」到樓下的雨棚，這是違反法規的，最後還是得重牽管線。

03

冷氣要冷，
你該注意的事

冷氣工程也是個報價很亂的市場。網友 Sean 家的冷氣，設計師們報價從 15 萬元起跳，最後他去找隔壁一條巷的冷氣行，只花 10 萬多元，這這這⋯⋯不知怎麼講好，實在是差很大，但原來工藝也差很大，後來 Sean 真的遇到天兵師傅；但姥姥有位朋友一樣找冷氣行，設計師的工頭找外包，報 22 萬，但隔壁巷的也是才報 15 萬，材料與機型都一樣哦，不過，工藝好多了，沒出什麼問題。

結論是，貨比三家真的很重要，但就算比了，也不代表不會有問題，最終還是會回到工班或屋主對工法的熟悉度。

我們還是回來談冷氣不冷的原因吧，還滿多的，姥姥根據幾位師傅與冷氣業者的建議，統整在這裡，也包括安裝的原則。

原則 ❶ 室內機與室外機距離越近越好

室內機距離室外機距離愈短愈好，管線中間轉折愈少愈好，這樣冷媒效益較佳。一般建議在3公尺內最佳，5公尺也還可以，最好不要超過10公尺。另外，冷媒管是銅管，要減少90度彎折，不然很容易壓折到，若冷媒管被折到或破掉，也會造成冷氣不冷。

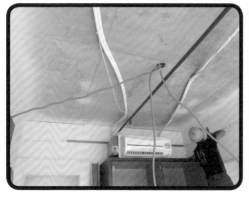

▲ ▶ 冷氣管線轉折要少才好（左圖），彎折若較多（右圖），則要小心冷煤管不要被壓折到。圖片提供 _ 集集設計

原則 2 管線要走明管，易維護

冷煤銅管管線要走明管，最多就是藏在木作天花板或木作假牆中，但不能藏進牆壁裡。有些師傅會把牆壁切溝，來藏冷氣銅管，然後，再用水泥封平，這不好，因為日後若冷煤漏了，藏在木作中可能還聽得到一點聲響，若在牆壁中，不但聽不到，還要打牆來檢查，會很麻煩。今硯設計張主任也建議，冷氣安裝好後，先測試一下冷氣，看是否有漏冷煤，這時若有問題，維修也較簡單。

▲ ▶ 管線可用木作假樑包覆起來，日後才好維修。

另外，冷氣的排水管因是用pvc塑料管，是可以走在牆壁裡的。當然，也可裸露走明管或同樣走在木作牆中，但因管子會接觸到熱空氣，外層要再包覆層泡棉，以免管子產生冷凝水。

▲ 排水管多用 pvc 管，則可走在木作牆或水泥牆中。若在木作牆內，則要包覆層泡棉，以防冷凝水。

原則 3 冷氣不要對著人吹

再次提醒，冷氣不要對著人吹：這只是最好不要對人吹，但姥姥知道也有人就是要冷氣對著他吹，不怕偏頭痛或風濕，這也沒關係，就看每個人的選擇；好，那以不要對人吹的原則來看，在客廳的話，通常會設計在沙發背牆或側牆；在臥室，通常會放在床頭牆兩側或側牆。

▲ 在臥室的冷氣，要裝在不會直接對著人吹的位置。

原則 ④ 管線過牆要洗洞

現在不洗洞（就是牆上挖個圓孔，走管線）的師傅不多了，但姥姥不敢說沒有，因為我自己家就遇到一個，他是挖玻璃，在窗上挖洞會很醜，也會漏冷氣兼漏水。姥姥雖然年紀不小，但也曾年少不懂事過，這就是當年不懂時留下的遺憾。

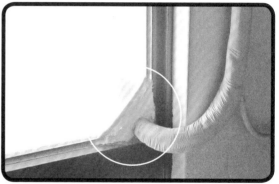

▲ 師傅把玻璃敲下一塊，就讓管線走玻璃窗，下圖還有用樹脂封孔，上圖就根本沒封，只拿保溫布把洞貼一貼。

◄ 洗洞就是在牆上鑽個圓孔，讓管線進入。

原則 ⑤ 冷氣噸數要夠

坪數與噸數的關連，隨便上網找都有，基本上1噸可吹5～6坪，若有西曬或頂樓或挑高者，自行再加1噸。要注意，若客廳5坪，餐廳3坪，且是開放式設計，就需用5+3為8坪來算，大部分冷氣不冷，都是因噸數不夠。

▲ 西曬的空間也會影響到冷氣的噸數大小。圖片提供－集集設計

原則 6　冷氣裝設點不要近廚房

近來大家都很喜歡設計開放式餐廚空間，可以讓廚房不再關閉在小空間中，不過，廚房炒菜時有熱氣，是會影響冷房效果的。只要注意冷氣裝設地點不要離瓦斯爐太近即可，以免熱氣變成回風，造成冷氣誤判室內溫度。

原則 7　多層樓適合多聯式冷氣

若一台室外機會分配給兩台室內機，兩台室內機分別裝在1樓與3樓，因冷媒傳送的問題，也會造成冷房不冷。所以，最好3樓的冷氣，要獨立再裝一個；或者裝設多聯式冷氣，這種多聯式冷氣的室外機與一般分離式相比，能力更強，可連結的室內機台數較多，管線也可拉更長，即可每層裝設冷氣。

原則 8　室外機的散熱空間要足夠

不只是室內機要預留上方與前方的足夠空間，冷氣室外機後方也要保留散熱空間，最好是距離牆面50公分以上（各家冷氣機型需求不同），若散熱空間不夠，也會造成冷效果不佳。

▲ 室外機要注意散熱空間是否足夠。

原則 9　安裝在輕隔間牆要加支撐

輕隔間牆兩側封板多是矽酸鈣板，矽酸鈣板較薄，結構也鬆，咬不住鎖絲，這種牆面的承重力不夠，所以後面「一定」要再加六分厚的木夾板，木夾板的承重力較佳，不然，冷氣可能會掉下來。

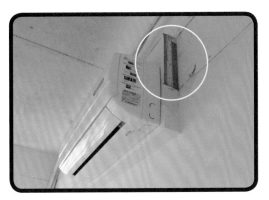

▲ 若是輕隔間牆，在冷氣吊掛後方，要加6分厚木夾板。

泥作工程

泥作負責跟水泥有關的一切,包括地壁面的水泥打底粉光、貼磚、砌牆(多是紅磚牆)等。做防水也是泥作負責,所以衛浴、廚房、鋁門窗也有部分與泥作相關。

泥作有問題的裝潢,常常是因「趕工」造成的。為什麼呢?因為泥作很多工程都要時間等乾,才能進行下一道工序。如磚牆砌好要等3周才能上漆、磚貼好後至少要等24小時才能填縫。但現在很多師傅或屋主本身都無法等,就造成後續一堆問題。因此,最好給泥作較長的工期,才能避免讓人後悔的事發生。

point1. 泥作，不可不知的事

[提醒 1] 回填壁面孔洞時，牆壁要補平

[提醒 2] 磁磚記得要備料，以備日後維修

[提醒 3] 文化石注意底部抓力

point2. 容易發生的 4 大泥作糾紛

1. 最惡「裂」！地震後，水泥牆出現裂縫

2. 最不平！鋪好地板才發現房子高低落差大

3. 最要命！磚牆一天砌好上漆，封住水氣造成裂痕

4. 最漏氣！鋁窗填縫不實，漏風也漏水

point3. 泥作工程估價單範例

工程名稱	單位	單價	數量	金額	備註
全室地坪打底整平粉光	坪				採 1:3 水泥漿 含客餐廳廚房
公共空間地板貼磚工資	坪				拋光石英磚，含客餐廳
公共空間地板拋光磚材料費	坪				拋光石英磚 60X60 公分 / 義大利製 /XX 建材經銷 / 普羅旺斯系列米黃色
剔磚壁面水泥打底粉光	坪				包括浴室 , 廚房 , 陽台
陽台貼壁地磚工資	坪				前後陽台
陽台壁地磚材料費	坪				板岩磚 /20X20cm/ 國產白馬 x x 系列 / 黑灰色
後陽台地板防水	式				含 XX 品牌德製彈性水泥、防水膠 彈泥上 3 道
鋁門窗框灌水泥漿填縫	處或式				含門斗水泥修補
拆除後牆面水泥修補	式				含牆壁壁癌剔除以及水電配管 打鑿孔洞水泥回填處理
全室砌 1/2 的磚牆	坪				含廚房、主臥室 砌牆一天高度不超過 1.2 米 需拉線、新舊牆上要打釘或植筋 牆砌好等 3 週才能上漆

註：廚房與衛浴的泥作部分請參看廚衛工程前言 **141** 頁

水泥品質不好、
比例不對，易有裂痕

我很後悔

苦主 _ 網友 Sean

最惡「裂」！
地震後，
水泥牆出現裂縫

|**事件**|

某天我發現廚房的磁磚壁面「裂」了，不是磁磚裂，而是後方的水泥裂了，我裝潢好約 2 年多，期間是有地震，但也不是每個地方的水泥都裂，這到底是怎麼回事？

▲ 這是我家廚房的壁面，磁磚中間的縫隙處裂了。

▲ 這是細部放大照，可看到裡頭的水泥裂縫。

正確工法

▶ **看標章有保障**
水泥品牌要有商品安全標章（右圖）或正字標記（左圖），品質才有保障。

水泥龜裂多半是兩個原因，一是用的水泥品質較差，一是水泥漿的
比例不對，或是攪拌不均勻，都會造成水泥強度不夠。地震或天氣劇
變時，問題就發生了。嚴重的，上頭鋪的磁磚還會膨管變形。

水泥會裂多半是兩個原因，一是用的水泥品質較差，一是水
泥漿的比例不對，地震時就容易裂。很多屋主花了幾百萬元
裝潢，但問到水泥用的是什麼品牌，許多都答不出來，屋主
不知就算了，慘烈的是，連設計師都只能嗯嗯啊啊混過去。

根據姥姥訪的幾位水泥師傅表示，坊間是真的有師傅會拿「已結塊」的
過期水泥或受潮水泥來用，所以水泥最好要指定「有通過CNS正字標記
或有商品安全標章」的品牌。有哪些品牌呢？呵！有趣的是，南北師傅
的愛用品不同，北部多用「洋房牌」或「品牌水泥」；桃園以南則多用
「幸福牌」。

指定好品牌後，就要注意水泥漿的比例。

泥漿比例是重點

水泥漿是用在壁地面拆完磁磚後，拿來鋪平底層用的。第一層會先粗胚
打底，水泥與砂的比例是1：3（嗯，在訪問時，有的師傅仍會說錯）；
粗胚打底的表面較粗，顆粒大，會刮手，要再來一層「粉光」，表面才
會平滑。粉光的水泥砂比例為1：2，並且記得要過篩，這樣粒子才細，
粉光出來才好看。

有的師傅在調配時較不專心，比例捉得不對，若其中水泥的成分太少，
或是攪拌不均勻，都會造成水泥強度不夠。地震或天氣劇變時就易裂，
嚴重的，上頭鋪的磁磚還會膨管變形。

可用填補劑修補裂縫

那該如何補救呢？現在市面上有販賣多種填補劑，包括塑鋼土（或塑鋼
漿）、補土、epoxy（環氧樹脂）填充劑、發泡式填補劑等。特力屋專
員表示，不同的產品能對付的裂縫大小不同，可看產品包裝說明。

但設計師林逸凡提醒，填補裂縫要先看是發生在水泥內牆或外牆，以及

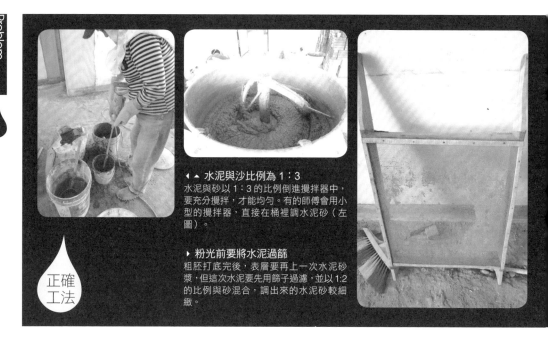

正確
工法

▲ ◀ 水泥與沙比例為 1：3
水泥與砂以 1：3 的比例倒進攪拌器中，
要充分攪拌，才能均勻。有的師傅會用小
型的攪拌器，直接在桶裡調水泥砂（左
圖）。

▶ 粉光前要將水泥過篩
粗胚打底完後，表層要再上一次水泥砂
漿，但這次水泥要先用篩子過濾，並以 1:2
的比例與砂混合，調出來的水泥砂較細
緻。

有沒有漏水，會有不同的做法。

像網友Sean家，是一般內牆（水泥牆）有裂縫，寬度在3mm以下，可
用塑鋼土或直接批土填補。若裂縫較大，則可注入快乾水泥或發泡式填
補劑等。

修補裂縫時，要先把施作處清理乾淨，清除易掉落的裂縫邊緣，並可澆
點水，表面濕潤可增加填補劑的附著力。然後再填入填補劑，要等它
乾，每種填補劑乾的時間不同（可看產品說明），寧可等久一點，確定
完全硬化後，再用砂紙磨平表面，最後再上漆，不上漆也行。

若是外牆（水泥牆）有裂縫，且已造成漏水，則要幫牆壁「打針」，將
epoxy灌入裂縫，不然，一陣子後，內壁可能會再裂一次給你看，而且
還附送漏水。

至於因外牆漏水而造成內壁有壁癌，若壁癌面積很大，則要把表面水泥
層挖除，直到RC底為止，再重新水泥打底粉刷，上防水漆。

再提醒一下，若水泥裂縫是出現在樑柱的地方，寬度大於3mm，且深入
牆內，甚至看得到內部鋼筋，則最好還是請結構技師來看看，以防結構
受損會有危險。

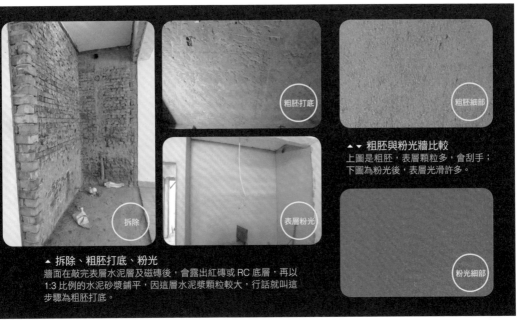

拆除

粗胚打底

表層粉光

粗胚細部

粉光細部

▲▼ 粗胚與粉光牆比較
上圖是粗胚，表層顆粒多，會刮手；
下圖為粉光後，表層光滑許多。

▲ 拆除、粗胚打底、粉光
牆面在敲完表層水泥層及磁磚後，會露出紅磚或 RC 底層，再以
1:3 比例的水泥砂漿鋪平，因這層水泥漿顆粒較大，行話就叫這
步驟為粗胚打底。

TiPS
血淚領悟 123
安全＋第一

① ▶ 水泥的品牌要指定「有通
過 CNS 正字標記或有商品安
全標章」的品牌。如「洋房
牌」、「品牌水泥」或「幸
福牌」。

② ▶ 調水泥砂時，水泥與砂的
比例要抓好，粗胚 1:3，粉
光 1:2。

BONUS
同場加映

平不平看手藝

在裝潢市場上，泥作師傅的工資差異頗大，有的師傅一
天 1800 元，有的師傅一天 2800 元。這是因為泥作工程
很多是靠細心與手藝，像水平線雖然有儀器可定位，但那
是大方向，細部的平整度，仍是看各師傅的技術，也因此
工資價差較大。

像用水泥砂漿打底，因打底是抹上去的，最後要用刮尺
推平，刮尺可以刮除過多的水泥漿及檢驗水泥砂是否有凹
陷處，這時就考驗師傅手藝啦，好的師傅刮得較平。打底
愈平，牆面的平整度就愈高。

▲ 用木製刮尺推平水泥砂，也是講技術的。

從拋光石英磚，
了解不同地磚施工要點

我很後悔

苦主 _ 網友 Juice

最不平！
鋪好地板才發現
房子高低落差大

| 事件 |

我家在鋪拋光石英磚時，因為不知道房子的地不平，高低差很大，還要再加上拋光石英磚的厚度，造成整個地板得多 10 幾公分，因此原已訂好的後陽台門與室內臥室的地板高度全要重新調整，也就是得重新做陽台門與室內門，又多花了不少錢。

我家的拋光石英磚，因沒估算到地板的高低誤差，最後造成後陽台門與室內門都要改高度。

正確工法

▶ 大片磁磚要加黏著劑
大尺寸磁磚後方要加黏著劑，會與水泥漿更緊密貼合。

◀ 地板拆除後，可在壁面做標高
地板拆除後，可在壁面標上高度標準線（如一公尺的高度），各師傅就可以此當丈量標準，避免各量各的而出錯。網友 Ben 提供

說起台灣的地磚一哥，就屬拋光石英磚當之無愧，許多屋主不管三七二十一，不看家的風格，也不管保養難易，先鋪再說，也因為市占率高，師傅的工法較沒問題，有問題的地方在高度。

 泥作貼磚的工法，基本上可分3種，分別為乾式（也叫硬式）、濕式（軟式）與大理石式，那要用什麼工法，得先看我們要貼什麼磚。

姥姥就從台灣地磚的一哥拋光石英磚講起。看起來很閃的拋光石英磚已成台灣主流，許多屋主不管三七二十一，不看家的風格，也不管保養難易，先鋪再說，因此市占率頗高。在裝潢界也發展出專門鋪拋光的師傅，因此，工法較沒問題，有問題的地方在高度。

尤其是自己找工班的人，常會忘了估算地板的高低差。

三種磁磚施工重點

拋光石英磚一般採用「大理石式施工」，前面提過三種磁磚施工法，主要差別在貼磁磚的泥漿濃稠度（見下表）。水泥與砂混合後，加入水分

3種貼磚工法，看哪個適合你家

施工法	泥砂含水比	適合磚類	地點	優點	缺點	留縫
濕式 （軟底）	較多	30X60 以上磁磚	地面	水泥漿抹上，等差不多乾時，就可貼磚，工時快，工資便宜。	平整度較差	有。 留縫大小依屋主需求而定
乾式 （硬底）	較少	50X50 以下磁磚，石英磚、長磚	壁地面	水泥漿為水泥加海菜粉，先上打底，之後再以黏著劑黏貼磁磚，平整度較好。	工時較長，工資較高	有。 一樣留縫大小依需求而定
大理石式	不加水	大理石，60X60 以上石英磚	地面	地板以水泥水弄濕，再鋪上乾的泥漿、平整，水泥基底層較厚。60見方約 3～5 公分，80見方則 4～7 公分，再以黏著劑黏貼磁磚，附著度更好。	工資最高，不能做洩水坡，較不適合做在廚房	可接近無縫，約 1mm

資料來源：各工班師傅

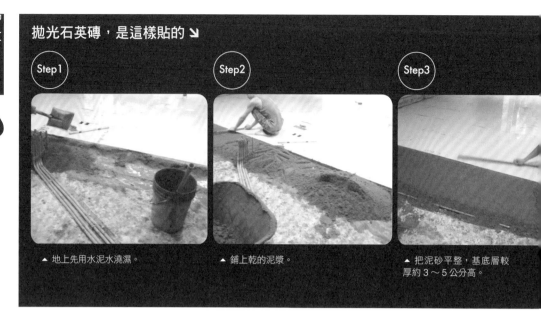

拋光石英磚，是這樣貼的 ↘

Step1

▲ 地上先用水泥水澆濕。

Step2

▲ 鋪上乾的泥漿。

Step3

▲ 把泥砂平整，基底層較厚約 3～5 公分高。

最多的，就是濕式，較少的是乾式，不加水的是大理石式。前兩者適合貼磁磚，後者適合貼拋光磚或大理石。

若覺得這表列貼工法有如數學費瑪定理般難以理解，那我們直接講師傅容易偷工或要注意的地方好了。

1.大磁磚別忘了上黏著劑

大磁磚（30X60以上）後方要上易膠泥等黏著劑，好讓磁磚能與底下的水泥砂結合得更好，不然，大片磁磚很難做得完全平整，總有凹凸不平之處，若不加黏著劑，水泥漿與磁磚之間易有空隙，日後可能膨管，或者藏小蟑螂；有的師傅會懶得上，或覺得只要黏得上去就好，不會管你會不會怕小強，所以屋主一定要自己多提醒師傅。

2.用木槌強化大片磚的緊密度

貼大片地磚時（如60×60cm以上），師傅要用木槌等工具敲擊磁磚，讓磚與泥漿能更緊密結合。這工法同樣是防日後膨管，膨管就是因為磚體未與泥漿結合，內有空氣，就易在地震或天氣劇烈變化時，發生變形。

3.地板高低差，收尾麻煩大

鋪拋光石英磚時，還要再注意一項，就是地板不平。Juice家就是遇到這

Step4

Step5

▲ 再澆上水泥漿。

◀ ▶ 貼上拋光石英磚時,要用木板或木槌敲磚面,讓磚與水泥漿密合。
(圖片提供 _ 今硯設計)

個狀況,後來又多花了許多錢擺平。是這樣的,因為她家地板有高低差,本身就誤差12公分,若再加上大理石施工要有5公分的水泥砂厚度,那地板的高度就等於增加了17公分;這有什麼問題呢?

第一,後陽台的門當初設計是向內開的,也安裝好了,若地板加高,會打不開;第二,臥室的地板是用木地板,兩者的高低差也在10幾公分;第三,室內門皆已做好,全會卡到。

那為什麼會發生這件事呢?因為裝後陽台三合一鋁門的與裝大門的是兩個不同的工班,兩個工班都是用原本的老地板在做高度計算,而且完全沒想到地板會傾斜,還斜得那麼厲害。

MUST KNOW
你應該知道

如何預防地板高度
各算各的

後陽台門與大門的工班,最好請同一個,不然,也要同天進場,然後與地板師傅談一下地板是否要墊高,墊高多少,再提醒做門的師傅。

另一個方法,是地板拆除完後,就先量水平,統一在壁面上標出高度基準線,如一公尺高,這樣各個師傅就不會各量各的,造成最後兜不起來的慘況。

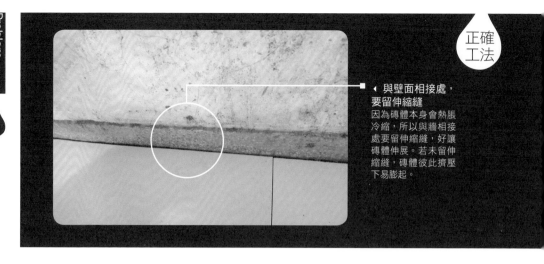

◀ 與壁面相接處，
要留伸縮縫
因為磚體本身會熱脹冷縮，所以與牆相接處要留伸縮縫，好讓磚體伸展。若未留伸縮縫，磚體彼此擠壓下易膨起。

TiPS
血淚領悟 123
安全+第一

① ▶ 鋪拋光石英磚會讓地板增加高度 5 ～ 8 公分，在裝大門、室內門、臥室木地板前，要告知各工班，以免銜接時出問題。

工班順序要排好

好，上頭的問題說到底，就是自己找工班的人也常忽略的：工班的順序。

在裝潢工程中，有些工法會前後相關，前者沒做好前，後者沒法做，有些則是倒過來，要先請後者來看要怎麼做，前者再來施作；Juice家出包的狀況就是這樣。

這情形在25年以上的老屋較會發生，可能是地震的關係，或一開始建商就沒蓋好。再來，陽台外推者也會發生這種事；所以，裝門的工班都沒發現地板高低差，直到做地板的師傅在量水平時才發現。

最後，Juice解決的方式是他們接受有5公分的斜度（後來做好後，也沒感覺地很斜），因此大門不動，後陽台門與室內門去裁短，臥室木地板則加高。你看，就因為沒考量到地板高度，結果又多花了許多錢，自己找工班的人要多注意呀！

◀ 拋光石英磚留縫，
最小可到 1mm
拋光石英磚的無縫貼
法，並非真的無縫，還
是有的，只是留得很小
可到 1mm，就看屋主個
人喜好而定。

② ▶ 地板拆除後，因地板會不平，要
在壁面標上高度基準線，如一公尺，
讓各工班統一丈量。

③ ▶ 自己找工班的人，要注意工程順序，
以免做白工。

 MUST KNOW
你應該知道

拋光石英磚的缺點

　　拋光石英磚雖然看起來光潔大器，質感
一流，但也有缺點。

1. 表面會吃色
只要飲料一倒，就會留下水漬；即使買有
加奈米表層的，幾年後也會因磨損而失去
效用。

2. 愈大片愈難施工平整
80×80cm 的工費與材料費都比 60×60cm

多很多，雖然看起來會更氣派，但 C /P 值
並不高，再加上愈大片的磚，平整度難做，
小坪數居家實在不需要買到 80×80cm
的，當然，除非你有錢。

3. 風格有侷限
家裡的家具質感不怎麼樣時，或者你家想
走鄉村風，都最好不要選拋光石英磚，搭
起來會讓你家變得俗氣。

磚牆的無所謂施工法vs.
輕隔間的有所謂施工法

我很
後悔

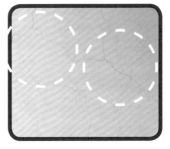

▲ 磚牆的油漆龜裂，可能是磚牆內的水氣造成的。

最要命！
磚牆一天砌好上漆，
封住水氣造成裂痕

苦主 1_ 網友 Melody

│ 事件 │

某天我發現牆上油漆裂了，就打電話給油漆師傅，他把漆磨掉，發現磚牆也有裂，他說可能是磚牆吐潮造成的。原來，磚牆一天就砌好，會有問題。

苦主 2_ 網友 Crystal

│ 事件 │

我家浴室是重砌的，放浴缸時，奇怪，為何浴缸無法完全貼平壁面；仔細看了才發現，新砌的牆沒有直，是歪的。

▲ 磚牆沒砌直，浴缸放入後無法與牆貼平。

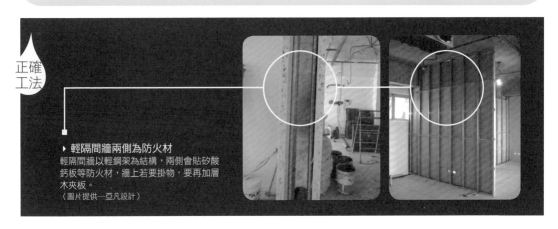

正確
工法

▶ **輕隔間牆兩側為防火材**
輕隔間牆以輕鋼架為結構，兩側會貼矽酸鈣板等防火材，牆上若要掛物，要再加層木夾板。
（圖片提供─亞凡設計）

現在的人什麼都趕，但裝修可千萬不能趕，像砌完牆後，一定要讓磚牆完全乾，才能批土上漆，否則之後壁面會出現細裂紋；另外，要拉水平與垂直基準線，不能「不拉線」就砌牆了，不精準施工會造成牆不直，日後裝窗或放家具易生困擾。

隔間牆一般的做法有兩大派，一是砌磚牆，一是做輕隔間。磚牆是用紅磚，砌好後表面再上水泥粉光，最後再批土上漆；輕隔間牆則是以輕鋼架為結構，兩側再貼防火板材，最常見就是矽酸鈣板，最後再上漆或貼壁紙。

磚牆比較貴，一呎不含油漆約2200元左右，輕隔間同樣不含油漆一呎約1200左右（含輕鋼架、吸音棉及矽酸鈣板），兩者各有優缺點，磚牆的隔音效果較好，但貴又施工期長，且工法不佳者日後容易裂。

輕隔間則是量體輕，對建築結構上是較好的，且厚度較薄，10公分而已，室內的空間更大。不過，隔音效果較差，師傅們建議，可以多加層吸音棉，隔音就會較好。所以，若可能的話，建議大家儘量多選擇輕隔間牆。

輕隔間量體輕隔音較差

輕隔間牆的工法較簡單，以輕鋼架為結構，在天花板與地板打上槽鋼再放支架，前後釘矽酸鈣板（厚度6～9mm），中間多會再加隔音棉或隔音磚。但要注意的是，一，吸音棉是岩棉時，因纖維很細，人若皮膚接觸或吸入，都有害健康，所以牆面一定要封好，尤其是老屋翻新時，為了配線會切開矽酸鈣板，要好好封回去，以免岩棉跑出來。

二是矽酸鈣板因硬度不夠，無法在上頭掛東西。若要掛壁燈或黑板白板畫作之類的，要在矽酸鈣板下方再多加塊6分厚木夾板，才有支撐力。

磚牆的3種「無所謂」快速施工法

磚牆的工法就較複雜。**首先，紅磚「一定要」先澆濕或泡水**，因為磚的毛細孔大，若不先吸水吸到飽，等水泥敷上，會吸水泥漿的水分，造成水泥易裂。不過，之前也曾發生過磚頭泡水後，師傅沒有立刻用，隔天要用時，卻忘了再用水澆濕，磚都乾了，砌的牆當然還會裂開囉。

輕隔間 ↘

◀ 加吸音棉，加強隔音
輕隔間牆的隔音效果較差，通常會塞吸
音棉或吸音磚，加強隔音。

▲ 輕隔間牆要封好
老屋裝修時，有時會切開輕隔間牆，好走管線。因
吸音棉吸入肺中會排不出來，有害健康，所以一定
要封好。

TiPS
血淚領悟 123
安全+第一

① ▸ 輕隔間牆上無法掛物，若有掛物
的需要，記得要加片 6 分木夾板。

② ▸ 顧慮到建築的安全性，仍以
輕隔間牆為佳，且價格也較低，
厚度也較薄，室內空間會更大。

真的是只要是「人」在做，就什麼狀況都有。所以，記得監工要確認砌
牆前的紅磚必須是濕的。

再來，砌完牆後，一定要讓磚牆完全乾了後，才能批土上漆（或封板上
漆）。設計師林逸凡表示，不然磚牆內的水氣會被封在裡頭，日後慢慢
散發，就會造成油漆或水泥層有裂痕。

紅磚牆砌好後，最好等3週以上再上漆，但現在師傅們都要趕工，實在
沒法等到水泥乾透，就會上漆或封板。那拜託一下，若天氣好的話，也
至少等個2週吧。

再回到上一句話，「但現在都要趕工」，為什麼一定要這麼趕？這也不

磚牆 ↘

▲ 水電撤場前得先砌好牆
磚牆屬泥作工程,但若要在磚牆走電路,就得請泥作在水電撤場前先做好牆,因為牆還要等散水氣,最好提早砌牆。

▲ 只有一層的 1/2B 磚牆
這種單層紅磚牆,就是估價單上寫的 1/2B 磚牆。

▲ 砌牆時,要用水平儀
水平儀可在壁上射出紅線,標示垂直線或水平線。

▲ 水平尺確認水平
每隔幾個磚,就應用水平尺量一下有無水平。

◀ 利用白線拉出基準線
牆要砌得直,得用白線拉出基準線,白線可多拉幾條,會更精準。

一定是師傅的錯,或許是屋主要趕著入住,或像網友Melody,她家是找工班一個一個接班做的,泥作與油漆是一個統包,且是從基隆跑到台北來做案子(因為基隆的師傅報價最便宜),工班當然是能一天做好就一天做好,他們是點工算日薪的,少來一天,成本就再少一點。報價那麼低,能多賺一點的方法,就是靠快速施工。

「無所謂」快速施工法,除了Melody家泥作師傅這種牆未乾透就上漆的,還有**第二招「不拉線就砌牆了」**。理論上,牆要砌得直,是要靠機器水平儀去量基準線,但是,拉線也要花時間,有的老師傅會說他經驗豐富,目視也能直,就省略了拉線,這是偷工,請別相信這種話,人的眼睛是有極限的,遠遠不如儀器可靠。

正確
工法

◀ 新舊牆相接處
要打釘或植筋
新砌的牆和原先舊
牆間，透過打釘和
植筋做連結，在地
震時才不易有裂
痕。

TiPS

血淚領悟 123

安全＋第一

③ ▶ 砌磚牆時，磚一定要吸飽水，且要等至少 2 週，最好是 3 週
以後，才能上漆，好讓磚牆的水氣乾，以免日後造成牆有裂痕。

不過，即使拉了線，還是有師傅砌出歪牆來；牆砌歪了，會造成裝鋁門
窗裝不上去，或是出現較大的縫隙；放家具時，也會發生背牆不平的困
擾。

第三招的「無所謂」快速施工法，就是不打釘或不植筋。理論上，新牆
與舊牆之間要打釘或植筋，再來砌磚牆。不然，銜接處在地震的搖晃
下，易有裂痕。Melody家是舊牆旁接出一段新牆，沒有打釘，就直接以
水泥封了起來。

請大家記得，「羊毛出在羊身上」，不是說便宜的一定不好，但遠低於
市價的，在施工上較少見還能保有品質。但姥姥覺得也不能全怪工班，
你要低價，他要飯碗，且他也幫你想出低價的做法，講到底，是屋主自
己的選擇。

就像Melody，問她是否會因此就願意多花個5萬元找個好的泥作，嗯，
她其實還是不太願意的，因為牆裂，也就是裂縫，油漆裂，也就是不太

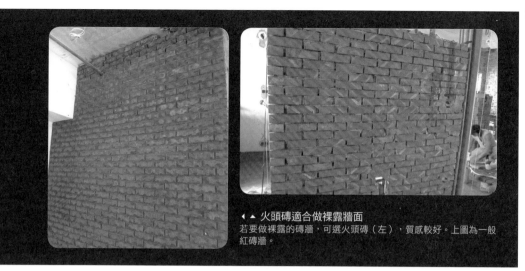

 ▲ 火頭磚適合做裸露牆面
若要做裸露的磚牆，可選火頭磚（左），質感較好。上圖為一般紅磚牆。

④ ▸ 要以水平儀拉線，牆才砌得直。

⑤ ▸ 新牆與舊牆銜接處要打釘或植筋。

好看而已，批土一下重新油漆一下，大體上還過得去，只要牆不倒，那5萬元她覺得還是省到了。

所以，每個人的選擇不同，在預算與品質之間的平衡也要自己抓。但我想，現在大家看了這篇，應能了解砌牆的做法，至少，也是在意識清楚的狀態下做的決定，沒被人呼攏，也就可以了。

 MUST KNOW
你應該知道　　　　砌牆不能一天就砌完

　　牆不能一天就砌完。按照規定，每天只能砌1.2公尺高，但現在為了趕工，大家就睜隻眼閉隻眼，勉強砌1.5公尺高，但絕不能一天就把牆從地板砌到天花板，因為磚牆有重量，一次砌太高，下面易歪掉。

只挑好窗還不夠，施工也要照步走

苦主 _ 網友 Juice

最漏氣！
鋁窗填縫不實，
漏風也漏水

|事件|

老屋翻修時，我家是鋁門窗全換，在點交時，還好我們是一扇一扇都檢查，因為大部分沒問題，但就是一兩面的窗框填縫不實，水泥會有裂縫，若不是好好檢查，應該也看不到；另外，後陽台的鋁窗更扯，在外頭銜接收邊的地方，沒有打矽利康，天啊，看來師傅不知雨是下在外頭，不知會滲水嗎！

▲ 泥作在鋁窗外填縫，有的有填平，有的沒，純看機率與師傅當時的精神狀況而定。

▲ 這是後陽台的鋁窗，在鋁窗外頭與鋁架交接處，沒有上矽利康。但其他的窗師傅外頭都有打，就這面沒有。

之前有朋友問我：「我家已經是用很頂級的氣密窗了，為何還是會漏水啊？」是的，好的窗子沒有配合好的工法基底，也是沒用。鋁窗工程算容易的，為何常出問題？是因這個工程需要 3 個工班來做，然而，拆除、泥作與裝窗的，常常不是屬於同一團隊。

泥作工程也包含鋁門窗的填縫，若填得不好，日後窗戶就易漏水，且機率還滿高的。

之前有朋友問我個問題：「我家已經是用很頂級的氣密窗了，為何還是會漏水啊？」嗯，這個問題很好，不是有了好的咖啡機，就能煮出好喝的咖啡，好的窗子沒有配合好的工法基底，也是沒用的。就算窗子不漏水，旁邊牆壁有縫（因為窗戶正好是結構上承受應力大又脆弱的地方，所以窗四角裂也很常見），最後結果還是漏。

鋁窗漏水3大原因

1.窗的四周沒有一起填新水泥。

裝鋁窗得從拆除就注意，要把內牆四角皆敲掉，裝好窗後，要用注射器，把水泥灌入縫隙中，直到填滿，再刮除溢出的水泥漿，並把四角用水泥漿填平；細心的師傅會再檢查一遍，看是否都填滿了，但不細心的師傅則會自動省略掉這個動作。

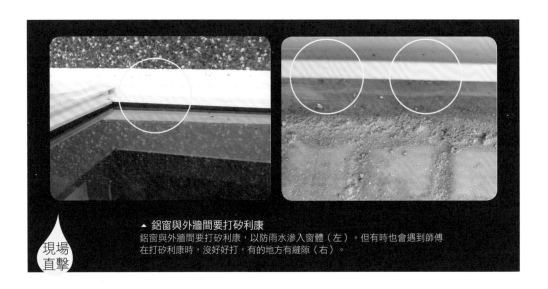

▲ 鋁窗與外牆間要打矽利康
鋁窗與外牆間要打矽利康，以防雨水滲入窗體（左）。但有時也會遇到師傅在打矽利康時，沒好好打，有的地方有縫隙（右）。

現場
直擊

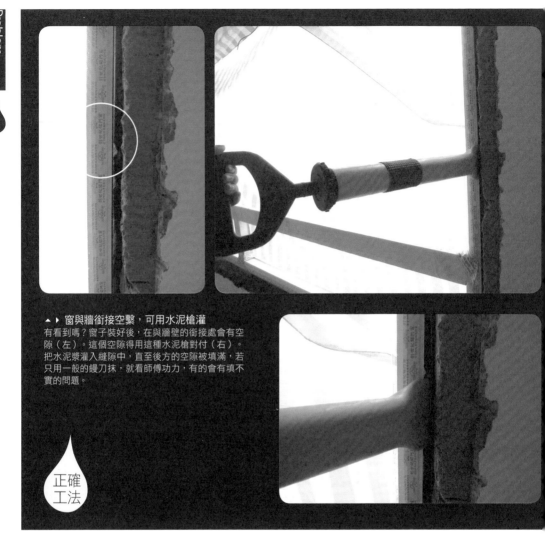

▲ ▶ 窗與牆銜接空隙，可用水泥槍灌

有看到嗎？窗子裝好後，在與牆壁的銜接處會有空
隙（左）。這個空隙得用這種水泥槍對付（右）。
把水泥漿灌入縫隙中，直至後方的空隙被填滿，若
只用一般的鏝刀抹，就看師傅功力，有的會有填不
實的問題。

正確
工法

把四角重新填水泥才能與填縫的水泥合而為一，不然，只填縫可能會造
成與四角舊水泥銜接處仍有細縫，而造成滲水。另外，水泥中也可再加
防水的彈性水泥（強化樹脂），防水力更強。

2.外牆的磁磚沒有補，只用水泥填平，也沒做洩水坡。

填完縫，要等水泥乾，再批土上漆，或者貼磁磚。若也有拆窗的外牆，
在填平時，記得下窗框的外牆要做洩水坡。拆除時敲掉磁磚者，最好把
磚補回來，不然只填水泥，因水泥易裂易吸水，日後漏水的機率較高。

▲ ▶ 記得敲除窗內角舊水泥，重新填平
窗的內角要敲除舊水泥牆，再把四周與縫隙以水泥填平，才能防水。等乾了
後才能再批土上漆。

◀ 裝大片窗玻璃時，使用固
定吸盤
裝鋁窗大片玻璃時，會用固定吸
盤，以免玻璃從高樓墜落。

3.鋁窗與外牆壁面沒有補矽利康。

窗子與外牆間會有縫，一定要用矽利康收邊，這部分的工多是由裝鋁窗
的師傅來做。其實，這也是常識了，但有的師傅就是會「不小心」漏
掉，這很麻煩，因為代表屋主驗收時，要一面面窗都去檢查。

還要注意矽利康是否都有「打好」，有的師傅會打得歪歪的，或不知是
不是衣服穿太少，打矽利康時手會抖，收個邊也會出現空隙。沒塗好就
要重塗，才能防水。

矽利康有分中性、水性與酸性，一般外牆都用中性，但經過數年的日曬

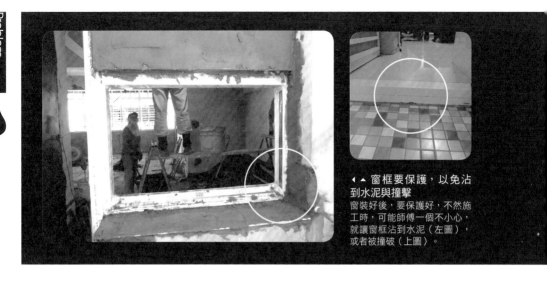

◀ ▲ 窗框要保護，以免沾
到水泥與撞擊
窗裝好後，要保護好，不然施
工時，可能師傅一個不小心，
就讓窗框沾到水泥（左圖），
或者被撞破（上圖）。

TiPS

血淚領悟 123

安全＋第一

① ▸ 裝好鋁窗後，要每面窗
都檢查，看四周的泥作填
縫可有填滿、扎實。

② ▸ 下窗框的外牆要做洩
水坡。

雨淋後，會脆化，這時要重新剝除，塗上新的矽利康，不然雨水容易滲
入。

鋁窗施工考驗工班銜接默契

鋁窗工程算容易的，但為何常出問題，是因這個工程需要3個工班來
做，拆除、泥作與裝窗的，若不是同一團隊，彼此可能不好意思點出其
他工班的問題。當然，就算是同一團隊，也不代表品質就一定沒問題。

較糟的是，工班認為屋主不懂。因為大部分的人只重鋁窗是否隔音防
水，但很少人會注意施工，而且，裝好後也要下好幾天的雨才會發生漏
水，到時，早過保固期了。還好，泥作填得好不好，有沒有填矽利康，
一看就知道了，我們好好檢查也就沒問題。

最後提醒，鋁窗在泥作退場前，就會裝好，若之後還有木作或油漆等工
程，則要做好保護，以免被敲到，傷到窗體。

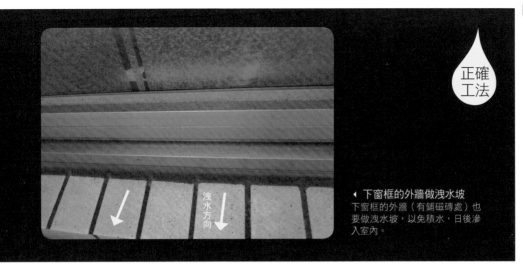

◀ 下窗框的外牆做洩水坡

下窗框的外牆（有鋪磁磚處）也要做洩水坡，以免積水，日後滲入室內。

③ ▸ 鋁窗與外牆銜接處，要填矽利康。

④ ▸ 拆除時，窗的內牆四角要敲除，一起做泥作。水泥可加入彈性水泥，防水力更好。

 **MUST KNOW**
你應該知道

窗框固定木片要取出

安全+第一

設計師林逸凡提醒，裝鋁窗時，有的師傅會用小木片或報紙，暫時塞在窗框下，好固定窗框量水平，但常常在泥作時，「忘了」把這些小木片木墊等拿出來，就一起被水泥封住了；但這些小木片會吸水，時間久了會腐爛，在水泥中留下空隙，就易從這漏水。所以最好不要讓師傅用木片固定，還是使用固定架為佳。

▸ 裝窗時，要提醒師傅使用固定架，儘量不要用木片或報紙來塞，以免忘了拿出來，封進水泥中。
圖片提供－亞凡設計

泥作，你該注意的事

泥作的基本工作就是補平牆面，包括拆除與水電在家裡挖出的許多孔洞。另一個重點就是鋪磚，也可請師傅幫忙，在廠商送磚到現場時，每片都要檢查，尤其是 60X60 公分以上的大磚，看一下磚有沒有直、平整度好不好、有沒有破損等。

再來看一下施工時，還要注意哪些事。

提醒 ❶ 回填壁地面孔洞時，牆壁要補平

新舊之間銜接處常會不平，可用鏝刀或抹布海綿等擦平，好處是日後油漆面會較平整好看，有的師傅會懶得抹平，要盯一下。不過，也不能補得太滿，以免之後的油漆師傅不好批土。

▲ ▶ 泥作最後會把所有孔洞、管線溝槽、門框窗框都封平。

▲ ▶ 新舊牆之間要抹平壁面，不然凹凸差太多，會看到銜接的痕跡。

▲ 門框也要靠水泥填縫，此照可看出，師傅也是隨便填填，裡頭仍有縫隙。（圖片提供－雞肉卷）

提醒 ❷ 磁磚記得留備料，以備日後維修

地板或壁面磚料最好多留2～5塊，有時，設計師或工班為降低成本，會找來業者的絕版品或出清貨，若日後磁磚破損，你會找不到一模一樣的磚，所以最好自己留點備料。

▲ 磁磚要備料，以免日後維修時，找不到一樣的磚。

提醒 ③ 文化石注意底部抓力

文化石是近年來頗受歡迎的建材，貼文化石時，若直接在光滑面的牆上塗益膠泥，抓力略嫌不足；可以先貼矽酸鈣板當底材，要背面向外，因背面較粗糙，再來貼文化石。記得，先用水平儀彈線，標出基準線，文化石會貼得更好看。

▲ 用矽酸鈣板的背面當底材，文化石的附著力會更好。

▲ 轉角的地方要用轉角磚，才好看。

 **MUST KNOW**
泥作省錢招

看不到地方粗胚就好，不必貼磚

敲除完的壁面要重新用水泥打底，好，這裡有個重點，若之後這面牆會被櫃體擋掉，那就可以請泥作師傅做粗胚就好。廚房和更衣室都是可以這麼做的地方。

解釋一下，一般壁面的水泥粉光有兩道程序，一是粗胚，把敲除後的壁面抹平，但表面很粗；二是表面粉光，就是用較細的水泥去抹，壁面較平整；那每道工都是一種費用，若牆面有櫃體遮住，是看不到裡頭壁面是粗是細，所以可把第二道粉光的費用省下來，只用粗胚就好，當然也不必貼磚了。

case1 衣櫃背牆

這塊凹進去的地方剛好拿來當更衣室，因為壁面會全部被衣櫃擋掉，所以壁面只做水泥粗胚打底，連粉光都不用，可省下一筆費用。

case2 廚櫃背牆

廚房的壁面幾乎被廚櫃遮住，若沒預算的話，也可以水泥粗胚就好，不必貼磚。因廚具高度只到240公分，上方的空間可由木作師傅做個木作假樑包起來。

廚衛工程

關於裝潢，很多人會只想更新廚房或衛浴，所以我把這部分獨立出來做一章節。廚衛工程可分兩部分：一是泥作工程，包括做防水、做洩水坡、貼磚等；一是設備工程，就是廚櫃加三機、衛浴馬桶、洗手枱、浴缸與淋浴柱等。

衛浴工程比廚房複雜許多，尤其是要「創造」新衛浴或移位。裡頭會牽涉到移管線、墊高地板以及防水等。新衛浴要離管線間越近越好，因為管線拉太遠，代表地板要墊得更高，會考驗樓地板的承重能力。而多數泥作師傅並不懂建築結構，到時問題可能會很多。所以，絕對不是師傅說管線能拉多遠，就拉多遠哦。

point1. 廚房衛浴，不可不知的事

[重點 1] 浴室天花板有 2 種選擇
[重點 2] 重拉管線的 5 大要素
[重點 3] 隔間牆最好用磚牆
[重點 4] 別忘矽利康收邊
[重點 5] 浴室門材質選擇防潮濕
[重點 6] 衛浴設備高度要測試

[重點 7] 廚房燈光要明亮
[重點 8] 廚房電器櫃要先量好尺寸
[重點 9] 網籃代替抽屜更省錢
[重點 10] 零碎空間可塞抽拉櫃
[重點 11] 廚房拉門可防油煙散逸
[重點 12] 三合一陽台門通風又採光
[重點 13] 要留維修孔

point2. 容易發生的 7 大廚衛問題

1. 最抱歉！浴室防水沒做好，樓上洗澡樓下下雨
2. 最無言！填縫太趕，易反黃，不細心則會弄髒
3. 最潮濕！浴室門檻沒做好，水滲入臥室木地板
4. 最操勞！地板有做洩水坡，仍要手動掃積水
5. 最不便！落水頭設在「狹路」中，很不好清理
6. 最猶豫！留浴缸好，還是淋浴就好？
7. 最酸痛！烘碗機裝太高，天天手酸脖子疼

point3. 廚衛工程估價單範例

工程名稱	單位	單價	數量	金額	備註
浴室 / 廚房地坪及牆面防水工程	坪				含牆壁壁癌處理 XX 品牌德製彈性水泥、防水膠 彈性水泥上 3 道， 防水層從地板到天花板
浴室貼地磚工資	坪				
上項地磚材料費	坪				石英磚 /30X30cm/ 國產三洋 x x 系列 / 白色
浴室貼壁磚工資	坪				
上項壁磚材料費	坪				石英磚 /60X30cm/ 國產冠軍 x x 系列
廚房貼地磚工資	坪				
上項地磚材料費	坪				石英磚 /30X30cm/ 國產三洋 x x 系列 / 白色
廚房貼壁磚工資	坪				
上項壁磚材料費	坪				石英磚 /60X30cm/ 國產冠軍 x x 系列
大理石門檻	支				浴室及臥室門， 浴室門檻做防水泥作墩，參見本書指定作法
衛浴設備：包括馬桶、洗手枱、淋浴柱、暖風機等					各設備的品牌名與系列型號列出即可， 如馬桶 / 凱撒 /CF1340-30cm+M230 面盆 /TOTO 品牌 / 下嵌式施工 / 品項 L546GU
廚具上下櫃	式				幾公分長，幾公分深，含韓國人造石檯面，水晶門片加嵌把手 參照廚具設計圖
鋁抽屜	組				滑軌 / 國產 XX 品牌，長幾公分
不鏽鋼單水槽	個				XX 品牌 / 型號 KL-101/ 含下崁工資
爐台下不鏽鋼拉籃	個				
RO 兩用水龍頭	組				
水槽上下櫃側美背板	片				
冰箱左右側落地美背板片	片				
踢腳板	公分				鋁製
三機：烘碗機、抽油煙機、瓦斯爐等設備	台				列出品牌 / 型號

衛浴怕漏水，防水層該做幾層才安心？

你要
當心

師傅＿泥作林師傅

最抱歉！
浴室防水沒做好，
樓上洗澡樓下下雨

| 事件 |

浴室的防水通常都做得不錯了，但
偶爾還是會聽到一些淒慘ㄟ事情，
像樓上洗澡時，樓下會滴水，造成
鄰居的困擾。所以，再提醒一下，
防水做完後，試水是很重要的。

裝修浴室時，要特別
注意防水工程。

正確
工法

高度到
天花板

彈性水泥

▶ 防水層要塗 2 ～ 3 道
浴室防水層的高度最好從地板到天花
板，彈性水泥要塗 2 ～ 3 道。做好後，
就可先試水，看是否會漏水。
（圖片提供―今硯設計）

浴室防水是用彈性水泥來做，一般會塗 2～3 次，此外，壁面彈性水泥的高度，建議是從地板到天花板，不然至少也要 150 公分，或超過淋浴柱花灑的高度。但其實只要禮貌地跟師傅說，大多可以做到天花板。

我們先來介紹防水的做法。浴室壁地面都要做防水，通常會從浴室壁面先做，再做地板。以下有幾點要注意：

一。若敲除地板後很不平，就要先以水泥粗胚打底。記得地板要先清乾淨，土塊、砂石等都要清除，這樣之後1:3的水泥砂漿打底的附著力會較好，也較不易裂。之後等水泥乾，再上防水層。若水泥地板不是太粗糙，也可不必打底，直接上防水層。

二，坊間一般防水層都只上一種材質，就是彈性水泥（簡稱彈泥），地壁面都要塗2~3次。彈泥的塗法一定要「薄塗多層」，也就是一次均勻塗薄薄一層，分多次塗，因為薄，才能乾透。彈泥是需要乾透後，才能形成「膜」來防水。根據樂土的經驗，一次塗1mm厚最佳，等乾後再上第二道，這兩道的方向要有差異，一個是直塗，另一道就要橫塗，可用滾桶與塗刷。

最常見的彈性水泥品牌是金絲猴，第一次施作時單液型要用30%的水去稀釋，當成底漆去滲透水泥毛細孔，好增加附著力。以粗毛刷或滾輪塗刷皆可，等30分鐘乾燥後，才能進行下一道。第二道後就不必稀釋，一般是塗2~3道，牆壁與地板的交接處、角落與落水孔、排水管四周可加強塗佈；但也不是愈厚愈好，姥姥就曾聽設計師說，「我們的防水做得很扎實，做7層以上，所以收費較貴。」這其實也是似是而非的說法，因為彈性水泥做太厚，表層與裡頭的水分散發速率不同，反而易裂，當然不是好事。所以，千萬別以為多做好幾層或多厚就一定是好工法。

彈性水泥要等乾再塗下一道

重點在：每次一定要等前次乾了後，再塗下一道。這裡也有個問題，就是各師傅對「乾到何種程度叫做乾」有不同見解，有設計師說4小時才會乾透，業者說30分鐘，多數師傅則認為，只要表面有點乾，即可塗下一道，時間從15分鐘到30分鐘不等。樂土的郭博士則提出一個非常科學的測試方法，就是用「水分計」來量。當彈泥乾到含水量在8％以下（此為建議值），就能再做下一道了。

彈泥2～3次都塗完後，要「乾燥」養護4~7天，這範圍也有點寬，因為雨天與晴天的關係，但記得「千萬別用電風扇吹」，有師傅為加速乾燥，這樣不好。等彈泥全乾燥

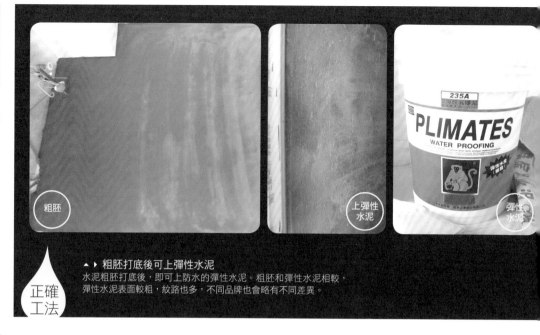

粗胚 上彈性水泥 彈性水泥

▲ ▶ 粗胚打底後可上彈性水泥
水泥粗胚打底後,即可上防水的彈性水泥。粗胚和彈性水泥相較,
彈性水泥表面較粗,紋路多,不同品牌也會略有不同差異。

TiPS
血淚領悟 123
安全＋第

▶ 防水層的彈性水泥要塗 2 ～ 3 次,每次得等前次乾
了再塗。

後,先試水。防水層做的好不好,並不在防水材使用多少層或用多貴的材料,而在有沒有
確實形成防水層,因此試水24小時是重要的,只要試水不漏即可;在彈泥乾後即試水,試
完沒問題再貼磚。若有問題,這時補救的成本最低。

試水沒問題,就可以用益膠泥或水泥漿貼磚了。 壁面多是益膠泥貼磚乾式,地面則是水泥
漿溼式。若不貼磚,可用1：2的水泥砂漿做表層粉光,要上漆或不上漆皆可。設計師阿德
提醒,泥作師傅做軟底時要小心,不要把漆膜弄破,因為彈性泥漆膜雖有2-3mm厚,但很
怕東西「穿刺」,防水就破功了。

壁面彈性水泥的高度,建議是從地板做到天花板,但做到蓮蓬頭的高度或150公分也足夠
了。其實不管到天花板或蓮蓬頭的高度,這工對師傅來說都差不多,大部分都是一開始先
設定在150公分,只要屋主「禮貌性」詢問,多可爭取免費升等從地板做到天花板。

以上就是最一般最普通的浴室防水做法。2坪以下一間約5000元。不過樹脂型的彈性水泥只
能滲透表層的縫隙,所以也可再加矽酸質的防水材,可滲透到5～10mm的縫隙中產生結
晶,達到防水功能。矽酸質防水材是用在彈泥之前,但施作完畢後,得3~7天噴水養護,才
能進行彈泥塗佈。

▶ ▲ **壁面防水層先於地板**
通常做防水層的順序，是先做壁面，再做地板。圖中壁面已上過彈性水泥，地板還沒有。

◀ ▲ **牆角四周加強塗彈泥**
牆角四周（黃線區域）可加強塗佈彈性水泥，增強防水能力。

②　▶ 防水層的高度最好能從地板到天花板。

③　▶ 地板做好防水層時就可試水，測試有無漏水。

除了浴室，一般還會做防水層的還有後陽台，那廚房和客餐廳要不要防水層呢？就看個人選擇，不過大部分都沒做；做的原因，是常會積水或會用大量水沖洗地板的地方；以這原則來看，客餐廳就不用了，若有洗廚房習慣，當然也可在廚房加防水層。

 **MUST KNOW**
你應該知道

防水層完工後就測漏
安全＋第一

　房子點交時，一定要做試水來測試防水有沒有做好。方法是先把落水頭關起來或拿東西堵住，再將浴室地板放滿水或大量水一次倒下去，半小時到一小時後，去問問樓下鄰居有沒有漏水（當然，要先跟樓下打聲招呼，不然你試水試半天，樓下根本沒人幫你看）。

　若有漏水，就可能防水層沒做好，但你的麻煩就大了，因為磁磚已貼上去，要重

做防水層的話，又要敲開來看。所以最好是防水層做完後，就來試水，這時就算有問題都還好收尾。

◀ 試水可以測出防水有沒有做好。

磁磚要填縫，可防牆發霉

我很後悔

苦主 _ 網友 LULU

最無言！
填縫太趕，易反黃，
不細心則會弄髒

|事件|

我家浴室磁磚的縫隙填縫後，壁地面都有問題，地面有點黑黑黃黃的，問過裝潢師傅，他說以後擦擦就會掉了，我已擦了3天都沒掉，打電話問他，他說用漂白水再擦就好了，我用了漂白水後，一樣是黑黑黃黃的，根本擦不掉。壁面的磚則是「淚流不斷」，許多磚的四角都被白粉淹沒了。

▲ 還沒使用過的浴室，在地板填縫處就已有黑黑灰灰的色塊。

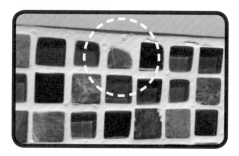

▲ 磁磚的角被填縫劑一起填掉了，每個磚的大小就變得不太一樣。

為什麼磁磚一定要填縫？主要是因為磚與磚之間的縫隙底材就是水泥，水泥毛細孔大，最容易藏污納垢，也會吸水，容易發霉；塗上填縫劑後，就不易再發生以上的事。

10年前的房子還很少有填縫的，現在則是很少「沒有填」的。這樣的小工法，也有做不好的嗎？有的，看LULU家的浴室馬賽克磚，填縫劑就越界把磚的耳朵吃掉了。這是因為填縫後，要立刻擦拭多出來的粉，不然，乾了就擦不掉了。那LULU家的師傅就沒用心，沒好好擦拭。

另一個沒用心的地方，是師傅在施工時手或鞋子不乾淨，弄髒了填縫處，造成還沒使用就黑黑灰灰的。但這部分就算提醒過師傅，工程變數多，也很難全部都保持潔淨，只要面積不要太大，我想大家也不用太苛責。

最少24小時後才能填縫
填縫劑容易出問題的地方不是材料，而是師傅的細心度與「時間」。

為什麼說時間重要呢？「理論上」要磁磚貼好後48小時再填，好讓磚牆

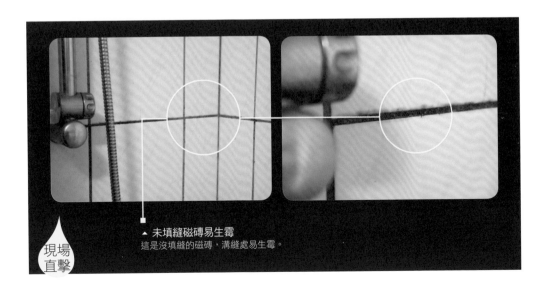

▲ 未填縫磁磚易生霉
這是沒填縫的磁磚，溝縫處易生霉。

現場
直擊

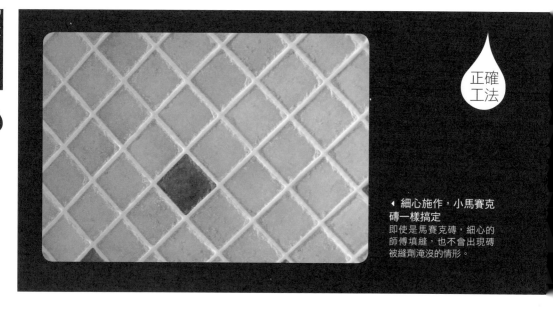

正確
工法

◀ 細心施作，小馬賽克
磚一樣搞定
即使是馬賽克磚，細心的
師傅填縫，也不會出現磚
被縫劑淹沒的情形。

內的水氣散出散乾，不然一填下去把水氣封在裡頭，日後填縫或磁磚可
能會因水氣變色，有點黃黃髒髒的。

但現在師傅們可能都無法等那麼久，所以常常是隔天就填縫，師傅説，
若能隔24小時也還可以，但有的人要趕工，根本不等這24小時，上午貼
完磚，下午就把縫給填下去。

為什麼磁磚要填縫？姥姥家的浴室磁磚常會黑黑髒髒的，洗都洗不掉，
我以前涉世未深時，一直以為是磁磚發霉；其實，我怪錯人了，這些都
不是磁磚的錯，而是因為磚與磚之間的縫隙。

磚與磚之間的縫隙底材就是水泥，水泥毛細孔大，最容易藏污納垢，也
會吸水，所以容易發霉；塗上填縫劑後，就不易再發生以上的事。

填縫劑很便宜，每公斤150～200元左右，若要再加防水防霉功能的，會
再貴一些，約300～400元左右。一般師傅都用一般的填縫劑（頂級填縫
劑的吸水率會較低），照老家與朋友家的經驗，也沒什麼問題，最大的
問題只有容易看出髒而已。

填縫劑可選色，耐髒污最優

很多人愛用白色的填縫劑，但其實填縫劑有很多種顏色，黑白灰藍綠黃
紅都有，最易看出髒的就是白色了，師傅在做泥作時，常是上一手在塗

浴室貼磚前要先放樣

　　浴室的壁地面貼磚現多採用乾式施工，乾式施工就是打底用的水泥砂中，會加海菜粉來混合，打底完成後再貼磚。因為壁地面的面積大，在貼磚前記得要先「放樣」，就是用紅線標出貼磚的位置，貼出來才會整齊。有的自我感覺良好的師傅會自認經驗豐富，而不放樣或忘了放樣，結果就可能會貼得歪歪的，或縫隙大小不一，點交時，屋主就只有傻眼的份。

▲ 為了磁磚的整齊，放樣是很重要的。

▲ 浴室的小磁磚地面會採乾式施工，水泥漿的水分較少。

▲▶ 乾式施工底層用的水泥漿 = 水泥 + 海菜粉。

正確工法

填縫前
填縫後

▲▶ 壁面磚填縫美感加分
與尚未填縫的壁面相比，填縫後，磁磚片片分明，
兩者的外觀有差吧！（圖片提供__集集設計）

TIPS

血淚領悟 123

安全＋第一

 ▶ 貼完磁磚後，最好等過 24 小時以上再填縫。

水泥漿，下一手填縫，所以不小心就會弄髒，變得黑黑的；洗得掉嗎？
抱歉，沒乾時還可挖掉重補，只要乾了，都洗不掉。因此填縫完隔天記
得要做保護。

所以，建議能不用白色就不用白色，尤其是地面，可選灰色系或帶顏色
者，較不容易看出髒。但若是壁面因為磚色的關係，還是配白色縫好看
的話，這時就看屋主的選擇了，也沒有一定不好，很多是價值選擇的問
題。

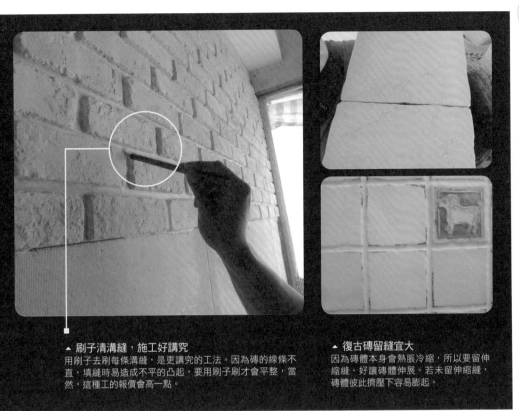

▲ 刷子清溝縫，施工好講究
用刷子去刷每條溝縫，是更講究的工法。因為磚的線條不直，填縫時易造成不平的凸起，要用刷子刷才會平整，當然，這種工的報價會高一點。

▲ 復古磚留縫宜大
因為磚體本身會熱脹冷縮，所以要留伸縮縫，好讓磚體伸展。若未留伸縮縫，磚體彼此擠壓下容易膨起。

 ▸ 先跟師傅講好，不希望點交時看到磚的四周被填縫劑淹沒，師傅就會好好擦拭多餘的灰。

 ▸ 白色填縫劑易髒，可選灰色系或其他顏色。

再提醒一下，鋪鄉村風復古磚的人；一般現代風多是鋪拋光石英磚或板岩磚，這些磚的縫可以留得比較小，最小可到1mm；但復古磚的邊緣多非完全的直線，若貼得太近，會不好看，好像磚做得不好，所以縫會留得較大，約0.5～1公分，要多大，純看個人美觀認定，但配色就很重要了，若是紅磚，多會配帶點黃的縫色。

這填縫工程很簡單，現在填縫劑都調好了，只要加水即可施工，若覺得自家廚房或浴室的縫常發霉，也可以買來自己DIY。

浴室要做止水墩，門檻要選ㄇ字型

我很後悔

網友雞肉卷的新家浴室，交屋時門框與門檻「分開」，中間還留了條縫。

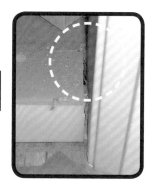

最潮濕！
浴室門檻沒做好，
水滲入臥室木地板

苦主 1_ 網友 Julie

│ **事件** │

我家臥室鋪木地板，有天發現接浴室的木地板膨起了，牆腳也有點濕濕的，我們找防水師傅來看，本以為是水管漏水，師傅一看就說，應是門檻的防水沒做好，水氣從門檻下漏出來了。

苦主 2_ 網友雞肉卷

│ **事件** │

我是找個統包，結果家裡工程統統出包。浴室的門檻與門框之間還給我留條縫，這是當排水嗎？要浴室的水排到臥室嗎？

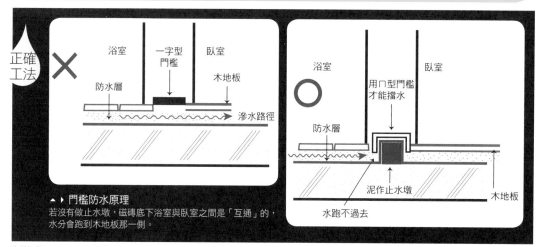

正確工法

✕ 浴室　一字型門檻　臥室　木地板　防水層　滲水路徑

○ 浴室　用ㄇ型門檻才能擋水　臥室　防水層　泥作止水墩　水跑不過去　木地板

▲ ▶ **門檻防水原理**
若沒有做止水墩，磁磚底下浴室與臥室之間是「互通」的，水分會跑到木地板那一側。

資料提供__ Chan　　繪圖__讀力設計

有沒有遇過浴室的水滲到臥室的狀況？門檻之所以會滲水，就是沒做止水墩。此外，先做門檻，再做門框，門檻得整個頂到左右牆兩端，門框兩側是置於門檻上，否則久了水仍會從門框處滲出。

 浴室的門檻做不好，是很常見的疏忽。滲水有各種不同的表現方式，比女神Lady Gaga還懂得標新立異，今天會讓牆角的踢腳板發霉，明天就會讓門檻旁的木地板變形。

浴室門檻怎麼做？下一頁有講，但我們先來看為何門檻會滲水，麻煩各位參照左頁下方的圖解。

門檻表面上是比地板高，阻隔浴室與臥室，但是在磁磚底下，浴室與臥室之間是「互通」的。因此當門檻附近有水滲到防水層時，就可能引起虹吸效應。水分會自動延著磚下水泥漿內的細縫，跑到沒有水分的木地板那一側。

沒做止水墩，門框偷滲水

不過，只有臥室是鋪木地板時，要特別注意門檻的防水做法，因為木地板會吸潮，即使是少少的滲水，久了就易變形。若臥室鋪的也是磁磚，那這篇就不必看下去了，因為磁磚吸水率很低，浴室又有洩水坡的設計，別太擔心。

有什麼辦法可以防止水分子從浴室逃跑到臥室呢？有的，做「止水墩」。在門檻下方做個比地板還高一點的平台，並且採用ㄇ型門檻，如此即可增加斷水長度，擋住虹吸效應，防止滲水。

但門檻的工法若只在點交時去看，是什麼都看不到的。所以浴室防水工程完工後（就是等彈性水泥乾的時間），要到工地去巡巡，只要看門檻處有沒有做突起的平台即可。而這樣的工法並沒有要多收錢，一般不超過2坪的浴室，一間防水工程約5000元，即包括以上工法。

正確
工法

▲ 先做門檻後做門框
門檻兩側要做到與牆相連，門檻做好後，再做門框，水才不易從門框下滲出。

TiPS
血淚領悟 123

安全＋第一

① ‣ 門檻下方要做止水墩，可以用水泥或彈性水泥來做。高度比地板高 1～2 公分即可，不能太高喔！

② ‣ 要用ㄇ型門檻，不能用一字型的。

 MUST KNOW
你應該知道

浴室門檻怎麼做？

第一步：要做止水墩

門檻會滲水的原因，第一就是沒做止水墩。止水墩可用打底的水泥做，或是用彈性水泥做。泥作林師傅說，高 1～2 公分即可，因為還要考量門檻的高度，超過浴室磁磚及臥室木地板即可，但做太高也不行。

第二步：要選ㄇ型門檻

門檻有很多樣式，材質有人造石或大理石等。記得要選ㄇ型的，不能用一字型的喔，因為一字型的無法防滲水。

要注意的是，貼門檻時，要用乾的粘著劑，或加防水劑的水泥沙，不要用濕的水泥漿，以免有孔隙，造成虹吸效應。

第三步：先做門檻，再做門框

先做門檻，浴室門框要後做。門檻要整個頂到左右牆兩端，門框兩側是置於門檻上，橫拉門的門框也一樣，否則久了水會從門框處滲出。

第四步：接縫處上矽利康

做好門框後，所有銜接處都要封上矽利康。

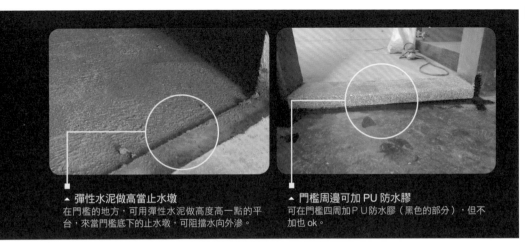

▲ 彈性水泥做高當止水墩
在門檻的地方，可用彈性水泥做高度高一點的平台，來當門檻底下的止水墩，可阻擋水向外滲。

▲ 門檻周邊可加 PU 防水膠
可在門檻四周加ＰＵ防水膠（黑色的部分），但不加也 ok。

③ ▶ 門框要後做，兩側要在門檻上方。

④ ▶ 還是看不懂門檻該怎麼做嗎？沒關係，把這書拿給泥作師傅看，他應會懂的，若不懂，勸你換個工班。

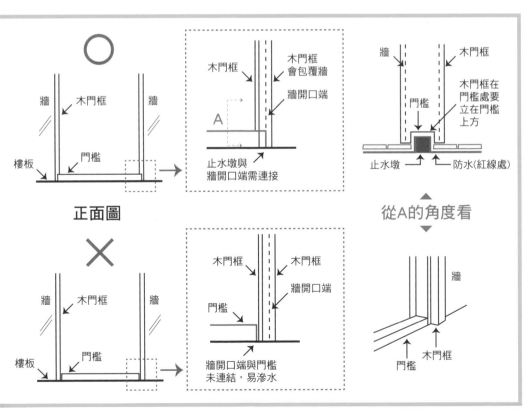

資料提供＿Chan　繪圖＿讀力設計

洩水坡沒做好，
浴室地板出現小水窪

我很
後悔

苦主 _ 網友 July

淋浴間靠近門檻的地方，每次洗澡後，都有積水，要自己把水掃掉，才會乾。

最操勞！
浴室有做洩水坡，
仍要手動掃積水

| 事件 |

浴室做好後，我們就發現淋浴間的門檻內側有積水，跟師傅反應，師傅說：沒問題，有做洩水坡，過一些時候就會乾了，看他那麼有把握，話也說的堅決，我們就放心了；後來全部裝潢完，住進去後，那積水處根本就不會自己乾，每次都是我們自己把水掃掉才會乾；打電話跟師傅說，他說，那可能要重做，要重新估價，他是說重做不收他自己的工錢只收材料費，但仍要加減補交通費；但我老公嫌麻煩，且一做工期要 3 ～ 7 天，我們只有一間浴室，這幾天要去哪洗澡，且積水只有一點就算了吧，還要花錢重做，我們已沒什麼錢了，唉！

正確
工法

▶ 淋浴間要有自己
的洩水坡
浴室內設有淋浴間
時，淋浴間內與外要
各做各的洩水坡。

▶ 馬賽克磚不易積水
小尺寸的馬賽克磚因縫
隙多，洩水較快，較不
易積水。

已做洩水坡後仍會積水的原因有二，一是貼工不好，第二是磚本身的問題。理論上地磚是會向著落水頭的方向傾斜，但有時師傅貼磚時貼的方向弄錯了，該低之處變平的或高了，或磚的本身就是不平的。

 浴室的洩水坡工法表面說起來大家都會，但做得好不好，就看師傅手藝了。洩水坡的斜度，是從最邊緣處到落水頭的距離，每1公尺高度減1公分。若浴室不做浴缸要做淋浴間，則淋浴間會再單獨做自己的洩水坡。

這點要叮嚀師傅，因為就是有泥作師傅會把淋浴間的洩水坡，跟整間浴室一起做。

貼工不好、磁磚不平造成積水

已做洩水坡後仍會積水的原因有二，一是貼工不好。洩水坡的坡度現在九成九是靠水平儀量出來的，會在壁面標出高度，照著這標線貼磚。

問題來了，一片磚有四個角，理論上是會向著落水頭的方向傾斜，但有時師傅貼磚時可能在與別的師傅聊天，可能在唱《心事誰人知》，或可能在想家裡小孩的學費，或只是純粹心不在焉，於是，貼的方向弄錯了，該低之處變平的或高了，但這貼錯也很難看得出來，因為只有一片弄錯，或幾片弄錯，加上100公分才減1公分的斜度，這幅度很小，師傅在貼時也不易發現，於是就造成試水時，會積水啦！

第二個原因，是磚本身的問題。

好，若磚的本身就是不平的，師傅工再好也沒用；像有的磚會四角翹中間低，有的磚是某個角翹，這些也會造成積水。當然，有經驗的師傅可以判斷磚的好壞。泥作師傅們建議，越大片的磚越容易不平，也較不好做斜度，所以最好是貼30X30以下的磚，其中10X10以下的馬賽克磚最不易積水，因縫隙多，室內也乾得快。不過，不是每個人都喜歡馬賽克磚，還要加入個人的美觀考量。

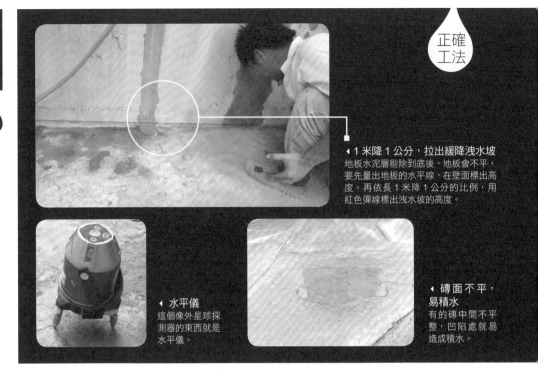

正確
工法

◀ 1 米降 1 公分，拉出緩降洩水坡
地板水泥層剝除到底後，地板會不平，
要先量出地板的水平線，在壁面標出高
度。再依長 1 米降 1 公分的比例，用
紅色彈線標出洩水坡的高度。

◀ 水平儀
這個像外星球探
測器的東西就是
水平儀。

◀ 磚面不平，
易積水
有的磚中間不平
整，凹陷處就易
造成積水。

 TiPS
血淚領悟 123
安全＋第一

① ▶ 選浴室地磚時，要注意
四角與表面是否平整。磚
也不要太大片，越大片越
不好做斜度。

② ▶ 淋浴間要自己做洩水
坡。

浴室磚，慎選防滑不卡污

談到浴室的選磚，不少泥作師傅也提醒大家，在選地磚時不要選到易卡
髒的。之前有陣子很流行板岩磚，這磚的表面會有紋路，部分（不是全
部）磚的表面有明顯的凹凸紋路，使用久了後，很容易沾污，且不好清
理。

另外，表面有塗亮面釉或非常光滑的磚，也不適合當浴室的地磚，容易
滑倒。

浴室地磚多是用乾式施工，貼磁磚就是考驗師傅心細的時刻了。大部分
都能考量到壁磚與地磚的對線（就是縫隙能連接起來），但網友小歐提
醒，若是選擇貼腰帶磁磚，要注意腰帶的磚與一般壁磚因厚薄不一，有
的師傅就會貼出不太平整的壁面。

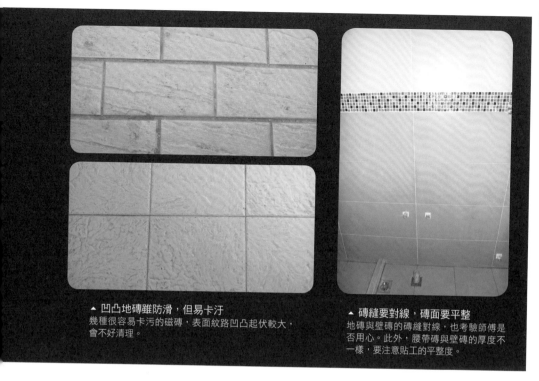

▲ 凹凸地磚雖防滑，但易卡汙
幾種很容易卡污的磁磚，表面紋路凹凸起伏較大，會不好清理。

▲ 磚縫要對線，磚面要平整
地磚與壁磚的磚縫對線，也考驗師傅是否用心。此外，腰帶磚與壁磚的厚度不一樣，要注意貼工的平整度。

 ▶ 洩水坡的斜度為 1 公尺長，高度減 1 公分。

 ▶ 最好防水層做完，就一併測試洩水的情形。

 **MUST KNOW**
你應該知道　　　潑水測試洩水坡斜度

　　已有積水的該如何解決呢？沒辦法的，積水的部分只能敲掉重砌，但事前可以先檢查磚是否有問題，磚送到家裡時，發現翹曲較嚴重的可退貨換磚；若是工藝的問題，那當然最好一開始就請師傅再細心點囉！

　　也別忘了，在防水的彈性水泥做好洩水坡後，在尚未貼磚前，就來測試斜度，因為磁磚也是順著坡度鋪的。可用乒乓球或潑點水，來看洩水的狀況。乒乓球很好用，客廳的地板泥作工程做好後，也可以用乒乓球測試地板有沒有平。

浴室落水頭，定位錯誤問題多

我很後悔

苦主 _ 網友 Joice

最不便！
落水頭設在「狹路」中，
很不好清理

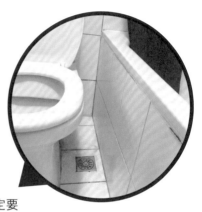

事件

如果一切可以重來的話，浴室的落水頭我一定要重新「定位」。唉，當時沒注意到落水頭的問題，住進來半年就發現不便之處。我家浴室很小，一坪多而已，又要放浴缸、馬桶與洗手枱，所以馬桶與浴缸很近，而落水頭又設計在馬桶與浴缸之間。每回要清落水頭，我都得伸長手，擠進那個小空間中清理，真的，很不方便，且每兩三天我就得清一次，真的很不方便。

因為落水頭處常積水與髒東西，得常清理，但設計在這麼窄的空間裡，每次清潔都很不方便。

正確
工法

▶ 落水頭設在磁磚四角處不易積水
落水頭最好設計在磁磚的角角，較不易積水。圖中馬桶左側空間較大，落水頭設在左側就比在右側好。

傳統做法中，落水頭最常被定位的點，是在浴室最角落，但其實落水頭的位置比我們想像的自由很多，當然，不要距浴室門太近，我們要讓浴室的最低點遠離臥室的木地板，也不能在容易被踩到的地方，因為赤足踩在落水頭上的感覺並不好。

若能遇到一位細心的設計師或工班，真應心存感謝。

愈需要知識的領域，我們是看不到前方的路的。在求學時代如此，在裝潢也是如此。裝潢難，難在家家有本難念的經，因為空間與人都不同，需要有不同的應對方式，但大部分的工班或設計人，甚至屋主，我們都習慣套用雜誌登過的、老師教過的、別人用過的，在不明白別人為什麼這麼做的時候，硬生生套在自己身上，就出現許多不甚貼心或找自己麻煩的設計，落水頭要寫的，大致就是這個概念。

裝潢中有許多小細節，常被忽略，但讓我們生活真的很便利的，就是這些小設計。有多少人會跟設計師討論落水頭的位置？很少吧，姥姥本身也是台傭級的主婦，不良設計真的會讓我們腰酸背痛，每天我自己也跟這個落水頭奮戰不懈，剛清完，一天後就又髒了，像Joice這樣要伸長手鑽進小空間的辛苦，我能體會。所以，也跟多位師傅們請教落水頭的設計。

落水頭要離門遠，周邊要寬闊

落水頭因洩水坡的設計因此最常被定位的點，在浴室的最角落處。但這是傳統做法，小浴室中擠進馬桶浴缸與洗手枱後，應要有更多元的想法，但可惜，有的師傅仍選擇了最傳統安全的塞法：塞在最裡頭的角落，即使是面寬不到10公分的地方。

其實，落水頭的位置比我們想像的自由很多，當然，不要距浴室門太近，我們要讓浴室的最低點遠離臥室的木地板，但也不能在容易被踩到的地方，因為赤足踩在落水頭上的感覺並不好。像在網友Joice的浴室中，我們可以找個「四周無擋的寬闊地點」即可，Joice家馬桶左側是洗手枱，空間較大，就可以把落水頭設在洗手枱附近，而非右側與浴缸

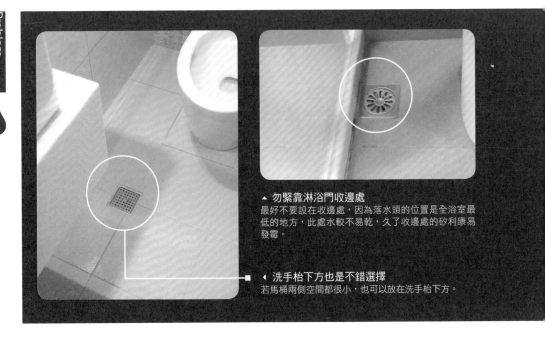

▲ 勿緊靠淋浴門收邊處
最好不要設在收邊處，因為落水頭的位置是全浴室最
低的地方，此處水較不易乾，久了收邊處的矽利康易
發霉。

◀ 洗手枱下方也是不錯選擇
若馬桶兩側空間都很小，也可以放在洗手枱下方。

TiPS
血淚領悟 123
安全＋第一

① ▶ 落水頭最好不要設計在磁
磚中間，最好在四角，較不
易積水。

② ▶ 位置要在好打理的地方，
而不是藏在馬桶後方或手要
伸得長長才能到達的角落。

之間的小空間內。在其他的案子中，浴櫃下方也是常見的落水頭之家。

但有的屋主或設計師會覺得落水頭醜，希望用馬桶遮住，姥姥的看法
是，好看不好用的設計，都是在折磨台傭級的女主人，千萬別理他們的
說法，你想想，若早個10分鐘做完家事，還可以喝杯咖啡，悠閒一下，
難不成你想這10分鐘都卡在馬桶與浴缸之間嗎？

落水頭另個常見的問題，是積水，雖然水是從這下去的，但四周就是易
積水發霉。針對這個問題，師傅們說，可能是磁磚本身不平的關係。回
頭看Joice家，你會發現落水頭是設在磁磚的中間，若此磚是中間高一
點，自然就會積水。

所以，較不易積水方法，是設計在磁磚的四角，那泥作師傅也比較好控
制角度，讓落水頭是在真的最低處。

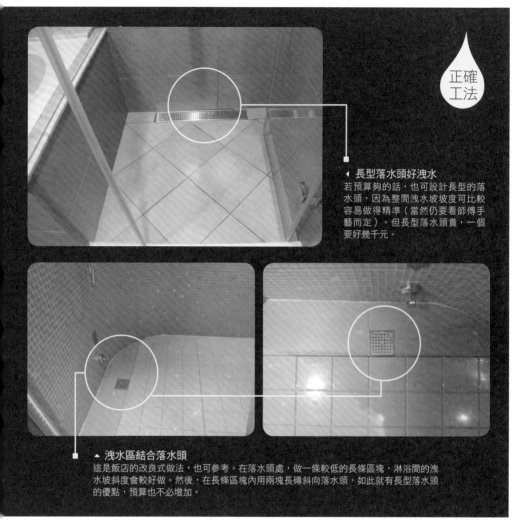

正確
工法

◄ 長型落水頭好洩水
若預算夠的話，也可設計長型的落水頭，因為整間洩水坡坡度可比較容易做得精準（當然仍要看師傅手藝而定）。但長型落水頭貴，一個要好幾千元。

◄ 洩水區結合落水頭
這是飯店的改良式做法，也可參考。在落水頭處，做一條較低的長條區塊，淋浴間的洩水坡斜度會較好做。然後，在長條區塊內用兩塊長磚斜向落水頭，如此就有長型落水頭的優點，預算也不必增加。

MUST KNOW
你應該知道　　　防蟑防臭落水頭　安全+第一

落水頭也有防蟑防臭的設計，有個閥門可關起來，頂好用，一個 75 ～ 150 元左右，可要求用這種設計的落水頭。

163

有浴缸的幸福，兼論浴缸防水

Problem_
live report

你要多想想

非達人 _ 姥姥（哈，終於有次換我當主角了）

最猶豫！
留浴缸好，
還是淋浴就好？

|事件|

偶有朋友會問我留浴缸好，還是設計淋浴間，通常會發問的朋友都是買了小坪數的家，且只有一間浴室。我都建議做浴缸，因為能泡個澡，真的是很幸福的事。

▲ 只要能好好泡個澡，就是生活的小幸福。
圖片提供—集集設計

▲ 彈性水泥層 + 洩水坡
，防水力加倍
浴缸的防水措施，除了彈性水泥層以外，浴缸底下也要做洩水坡。

▶ 砌泥作浴缸選有導角的磁磚
泥作浴缸做有導角的磁磚，邊緣才不會太銳利而刮傷人。
圖片提供—集集設計

正確
工法

設計浴缸也有不少小細節，如浴缸四周至少要留小平台，方便放些瓶瓶罐罐；浴缸與枱面或壁面銜接處，要用矽利康封邊，以防漏水。若是選磁磚為表材，要注意選有「導角」的磚，在邊緣處是圓的，才不會傷害到您幼嫩的肌膚。

「泡澡」真的是很享受的一件事，淋浴並無法完全放鬆身心，但只要泡個澡，身體泡得暖烘烘的，許多不好的事就會跟著遺忘。

泥作浴缸，慎選表面建材

許多人是因空間小才選淋浴間，其實空間不是問題，也有業者推出小小浴缸，能坐著泡澡。若很在意衛生問題，可選表面為不易沾污的材質，如壓克力或搪瓷。

若非買現成產品的浴缸，而想用泥作砌，目前較常見的表材為磁磚或抿石子。磁磚要選「導角磚」，在邊緣處是圓的，才不會傷害到您幼嫩的肌膚；另外，要問清楚浴缸貼磚的時間，他一貼好，就要檢查是否平整，有沒有某個磚翹起。因為剛貼好還未乾時就發現問題的話，都還很好改；若是等點交時才看到，就得拆掉重做，會較麻煩。

抿石子是將小石子或彩石混入水泥，當浴缸表材時，要注意石子與石子之間的凹縫不能太深，否則藏在裡頭的污垢會很難清理。

加強防水是必要的工程，除了彈性水泥外，浴缸底部的洩水坡也要記得做，以免浴缸的冷凝水造成滲水。至於防水膠，我詢問眾多師傅後，大部分的師傅是都沒有加，但防水也沒出問題。設計浴缸還有一些小細節，如浴缸四周最好要有面牆要留小平台，方便放洗澡洗髮泡湯用的瓶瓶罐罐；浴缸與枱面或壁面銜接處，要用矽利康封邊，以防漏水。

血淚領悟 123

安全＋第一

 ▶ 浴缸表材要選不易卡污的材質，磁磚要選有導角的。

 ▶ 浴缸底下泥作要做洩水坡，並用彈性水泥做防水。

衛浴，你該注意的事

衛浴是個較獨立的工程，雖然是小小的 1 坪多空間，工種卻很多，包括拆除、水電、泥作、設備等，若你家沒有大裝修，只要更新衛浴，也可以直接找衛浴設備公司，他們通常也有配合的工班，可以省去找工班的時間。

既然工種多，相對工法也複雜，除了前幾篇容易出包的，還有 6 大工法要注意。

重點 ① 天花板的2種選擇

天花板傳統材質都用PVC，但有的人覺得不好看，現在用矽酸鈣板的也很多。PVC的好處是好打理不易發霉，但質感較差。

矽酸鈣板雖然料跟PVC差不多價格，但還要加批土上漆的工錢，漆要選較貴的防水漆，裡頭的角料也要選防潮防腐的，矽酸鈣板則要吸水膨脹率低的品牌，如日本麗仕。不然，天花板長期在濕氣侵犯下，易變黃變形，因此整體工錢會較高，但質感較好，看起來也美觀。

不管用哪個，記得要設計維修孔，日後捉漏或要加什麼最新科技電器，才會方便。

▲ PVC 塑料天花板耐潮，用個 10、20 年都沒問題，但美觀與質感上較差。

▲ 較好看的天花板，是矽酸鈣板材質，但費用較高。由此可知，凡事有一好沒兩好。

▲ 浴室用的角料，要選防潮防腐的。

▲ 用矽酸鈣板封板，記得要留維修孔。

重點② 重拉管線的5大要素

若是重做新浴室或馬桶移位,管線會同步移位。重拉管線時,有幾件事要注意。

①舊排糞管多埋在樓地板中,所以重拉排糞管時,多採用墊高地板的方式,以免打穿樓地板或切到鋼筋。

②新馬桶端到管道間斜度要夠,管徑75mm者以上者為1/100(就是100公分長要降1公分高度);75mm以下者為1/50。

③新移位的管線越近管線間越好,今硯室內設計張主任提醒,若管線拉太遠,則地板要墊得更高,這時原樓地板的承重力是否足夠,要再仔細估算結構力學。絕對不是水電師傅說管線能拉多遠,就拉多遠哦。

④排糞管最好能走直線就走直線,不要轉彎,只要多個彎,阻塞的機率就會高許多。

⑤若增設的兩個馬桶太近,又接到同一排污管,A馬桶沖水時B馬桶水常會跟著動。網友ben建議,可在馬桶糞管後接個排氣管,延伸到管線間,就可解決連動的問題。

▲ 管線移位時,新管線要離管線間愈近愈好,且轉折處也是愈少愈好。
圖片提供 _ 網友 ben

▲ 在馬桶排糞管後方,多加個排氣管,就可防鄰近的馬桶「互動」的困擾。

重點 ③ 隔間牆最好用磚牆

若是重做浴室,隔間牆最好用磚牆,因衛浴設備不少都是壁掛式,磚牆承重力較佳,隔音也較好。

▲ 重做浴室的隔間牆,以磚牆為佳。

重點 ④ 別忘矽利康收邊

所有櫃體、洗手枱、浴缸、門框、馬桶等,與地面壁面接觸的地方,都要打矽利康收邊,以免水從縫隙滲入。絕大多數的師傅都能好好用矽利康完封浴室,像王建民2006年的首場完封勝一樣。

但有極少數的師傅會讓人覺得毛毛的,他不是不塗矽利康,而是只有某些地方會「忘了塗」。這種比完全不塗還可怕,因為你完全無法猜到是哪裡沒塗,直到有天門片發霉了,才發現原來門框旁的矽利康沒有打。

不過,只要記得浴室有縫的地方都要打上矽利康,在交屋時好好檢查即可。

材質上,**要選浴室專用防霉能力強的矽利康**。許多網友反應,家裡浴室矽利康變黑黑的,一點一點的,怎麼洗都洗不掉,用牙刷刷也刷不掉,那就是發霉了。

有位專家曾教過,可先用廚房用紙沾滿漂白水,覆蓋在上方2~8個小時,之後拿起來再用菜瓜布擦;不過,姥姥用過此法,沒效,可能是霉已生根了,這種只好把矽利康整個換掉。

▲ 矽利康要用防潮防霉的產品,可以撐久一點。一旦嚴重發霉,是洗不掉的,只好全部重換。

▲ 門框四周、枱面,只要有與壁地面相接觸的地方,都要用矽利康收邊。圖片提供__尤噠唯建築師事務所

重點5 浴室門材質選擇防潮濕

浴室門現在多採用塑鋼門，塑鋼門的防水能力較佳。但有時為了美觀的考量，設計師會做木作門。木作門最好是在乾濕分離的浴室，不然，久了木作門易發霉，也最好在下方留百葉設計，可讓濕氣散出。

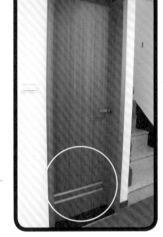

▲ ▶ 木作門下方最好加百葉設計，且最好做在乾濕分離的浴室。

重點6 衛浴設備高度要測試

洗手枱、淋浴的SHOWER龍頭等離地多高，要考量屋主身高與生活習慣，使用才順手。最好在師傅定好位置後，先在牆上做一記號，你自己實地測試，就知好不好用。

MUST KNOW 你應該知道　清潔後再抹矽利康

打矽利康要在乾淨的環境下施工，最好是清潔完後再抹矽利康，因為工程中塵土多，矽利康易把雜物都包在裡頭，日後較易脆化。但目前工班多沒時間等你清潔完再來打，如馬桶裝好後，就直接打矽利康了。所以，我們至少可提醒一下：「擦乾淨一點再打好嗎？」

▲ 淋浴花灑的高度，要在施工前就測試順不順手。

▶ 洗手枱與壁面相接處也要用矽利康收邊。收邊時要注意，要擦乾淨才上矽利康。

裝修衛浴奇事，別讓它落在你家

安全+第一

還記得在水電篇出現過的雞肉卷大大嗎？在衛浴工程中，他家一樣頗為慘烈；另一位網友July 家也選用到令她飲恨的洗手枱，他們的經驗，就收錄在此囉！

狀況 1　一開龍頭，水管三角凡爾就漏水

水管看起來是裝好了，但師傅卻沒鎖好連接水管的三角凡爾，所以，只要一開水龍頭，就會漏水。

▲ ▶ 水槽下水管裝好後，三角凡爾處（黃圈處）還在滴滴答答。

狀況 2　磁磚出水口切孔過大、過歪

不只漏水，在水管接壁面的地方，不少磁磚出水口處都切孔過大，或切歪了，連遮蓋都蓋不起來。但即使面對那麼多打擊人心的事，雞肉卷還是很樂觀，「我就再去買更大的遮蓋，能遮起來就算了。我最後只有一個結論，凡事靠自己啦！」

▶ 原本的圓孔遮蓋無法遮住磁磚切口，雞肉卷又去買了方的來遮。

狀況 3　馬桶管距沒算對，排糞管露一半

雞肉卷真是裝潢史最倒楣的人，一般可能是木作不好，或泥作不好，很少人會遇到從水電到木作都很天兵的。例如，他的天兵水電不會量馬桶管距，叫他去買30公分的馬桶，結果從排糞管中心點到牆面，只有25公分。試裝時發現，排糞管有一半在馬桶排水口外邊。

馬桶的管距是指從排糞管的中心孔到牆壁的距離。常見的有幾種規格，包括20、25、30、40公分等，買馬桶前一定要看清楚管距，不然買了也沒用，是裝不上去的。這個馬桶管距量法很簡單，但還是有極少數的極端份子不會量，可悲的是，有的極端份子就想當水電師傅，於是，就在雞肉卷家發生如此不可思議之事。

▲ 馬桶的管距，是從排糞管的中心孔到牆壁的距離。馬桶側邊多有標出中心孔。

▲ 雞肉卷家的馬桶，後來他自己加了一段管子，改變排糞管的出口位置，總算把新馬桶裝了上去。

狀況 4　洗手枱槽底太淺會噴水

網友July則要提醒大家，挑選洗手枱時，要注意槽底的深度要夠。她家挑了個槽底較淺的水槽，結果每次洗臉，水都噴得到處都是，地也濕濕的易髒。所以選洗手枱時，最好能在店家測試一下，水龍頭出水後會不會亂濺。

▶ 太淺的洗手枱，水易噴濺出來。

廚房設備枱面多高？
要看妳的身高

我很後悔

苦主 _Juice、小佩與眾多媽媽桑

最酸痛！
烘碗機裝太高，
天天手酸脖子疼

烘碗機底部就高155公分左右，女主人每次放碗盤手都要伸很長。

| 事件 |

我們共同最後悔的事，就是廚房的烘碗機裝太高，當初廚房設計時，不管是設計師或廚具公司，都說與廚櫃同高最好看，但好看根本不好用，每天洗碗後，要墊腳跟才能把碗放進去；手酸脖子也酸，然後水就從手腕流到手臂，常弄濕衣服，也很不好受；所以希望做廚房設計時，一定要堅定心志，不要管設計公司說什麼，也不要管老公說什麼（他們身高夠高，完全無法體會嬌小的人過的是什麼生活），烘碗機一定要裝低一點，在妳手可以輕鬆放入碗盤的高度，切記切記。

◀ 落地式烘碗機方便取用
若覺得懸掛式的烘碗機還是很不好用，也可考慮裝落地式的。
圖片提供__集集設計

▲ 烘碗機不必與櫃齊
烘碗機可裝低一點，不必一定要與廚櫃齊，這樣比較方便放碗盤。

正確工法

烘碗機安裝的高度（烘碗機的底部）最好比自己的身高低 15 公分左右，如 155 公分高，那機身底部就高 140 左右，但這只是一個原則，高度會視每個人的手長不同而不同。

 廚房，一直是姥姥認為實用大於美觀的地方。客廳餐廳或廁所要設計得美美的，我都沒意見。但廚房，真的，在這裡一切實用至上，美不美麗先丟一邊，能美觀很好，不美也無所謂。但什麼是美，許多也是個人的主觀看法，像烘碗機，為什麼一定要與廚櫃齊，難到降低一點就會很醜嗎？不會吧，既然不會，那為什麼要犧牲便利性就為了那10公分的美觀？

我甚至覺得廚房本來就該是有點凌亂的地方，鍋蓋、鍋剷、湯勺、菜刀、調味料就一一掛出，只要炒菜時能在1秒內拿得到就ok，別聽媒體或設計師説什麼「流理枱可以收得乾乾淨淨」，好像那很行一樣，其實根本不是那回事，那是不下廚的人才會做出的小白設計。

真正天天煮飯的，若要為個鍋剷開櫃子拿出來，洗完再開櫃子放進去，或者拿個鹽巴，要開櫃門再關回去，天啊，那菜不就焦了。

講回烘碗機，安裝的高度（烘碗機的底部）最好比自己的身高低15公分左右，如155公分高，那機身底部就高140左右，但這只是一個原則，高度會視每個人的手長不同，你自己試試看放碗，就可以知道最適合自己的高度了。

若覺得懸掛式烘碗機放上方仍不方便，也可選用落地式的烘碗機，但價格較貴；以喜特麗為例，便宜的懸掛式約6千元，但落地式最便宜的要1萬出頭，約有4千元的差價。所以，在價格與便利性之間，就看你自己如何選擇了。

TiPS

血淚領悟 123

安全＋第一

 ▶ 烘碗機最好裝低點，可比自己的身高低 15 公分左右，不必與廚櫃齊，才不會天天為了放碗手酸脖子疼。

廚房，你該注意的事

在博客來網路書店的搜尋中，打入「廚房」，會出現 3136 筆結果，是輸入「客廳」947 筆的 3 倍多，從阿基師教新手做菜，到吉本芭娜娜的經典之作，加上某位人類學家的跳槽心路歷程，廚房的七情六欲比起客廳實在豐富許多。

「在這個世界，我最喜歡的地方，就是廚房。」日本作家吉本芭娜娜在小說中這麼寫著，我雖然沒有同樣的看法，但因為天天要用到廚房，我非常了解廚房的不便利設計會帶給下廚者多大的災害，所以，每回到別人家我都特別留意廚房的設計，一起來看看吧！

 重點 ➊ 燈光要明亮

廚房的燈要明亮，這樣眼睛就能不費力地看著要切的是蒜苗還是蔥；燈泡也最好是白燈，不要裝黃燈，不然，蔬果肉類的顏色易失真。記得廚房是打仗的地方，不是搞氣氛的地方。現在天花板主燈有幾種做法，包括嵌燈、日光燈或流明天花板，流明天花板是利用壓克力板或白膜玻璃嵌入天花板中，好處是可讓光源更均勻地灑下，但缺點是工資比較貴。另外，也建議加重點照明，例如在切菜的梳理台區以及瓦斯爐上方，皆可再加裝盞燈。

▶ 在廚房要裝白燈，不要黃燈，以免菜色失真。
（圖為流明天花板照明）圖片提供 _ 集集設計

重點 ② 電器櫃要先量好尺寸

電器櫃大概是現代廚房必備之物了，可以放電鍋、微波爐及烤箱等，要記得廚房電器的尺寸要先量好，以免櫃子設計太小，放不進去。另外，電鍋的下方通常會設計滑板，要用的時候可拉出來，不用時推進去，門片一關，外觀就看起來非常整齊。

▲ 設計電器櫃可放烤箱、微波爐以及電鍋，好收納，外觀也較整齊。

重點 ③ 炒菜的家俬全要靠近料理區

很多雜誌都會大大稱讚收得乾乾淨淨的廚房，但我個人比較喜歡像這樣有點亂的廚房。把所有炒菜時會用到的東西都掛在瓦斯爐與流理枱的旁邊，炒菜時才方便，而不會手忙腳亂。你說看起來會亂，那就亂吧！這種亂也不錯看。

▲ 鍋劑、湯勺、濾網、調味料等，全放瓦斯爐附近，使用才方便。

重點 ④ 加升降式五金籃更便利

一般上櫃的東西多不好拿，可以多加個升降式五金籃，較方便取物。不過，這種五金費用較高。

▶ 升降式五金，讓你能更方便取物。

重點 ⑤ 零碎空間可塞抽拉櫃

瓦斯爐或冰箱旁常有寬度不到20公分的零碎空間，可以設計這種窄長型的拉櫃，增加收納空間。

▸ 抽拉櫃內可放入高度較高的調味料，或零食等小點心。

重點 ⑥ 三合一陽台門通風又採光

早年後陽台門多要2扇，一是玻璃門，一是紗門，現在後陽台門也流行三合一，包含玻璃門、紗窗與防盜飾條，一道門就有通風的功能，有的還會再加百葉扇，你想曝光多少隱私都可任君選擇。但安裝前要先決定好，門要向外或向內開，一般是向外開，但如果門外頭就得放洗衣機，門向外開會打到，那就得設計成向內開。

▲ 三合一的後陽台門，兼具通風與採光功能。

重點 ⑦ 網籃代替抽屜更省錢

因為廚房較潮濕，裝這種網籃較透氣，我覺得比抽屜好，比較不易藏小強，費用也比做抽屜便宜，但要注意材質要選不鏽鋼或鍍鉻的。

▲ 網籃很適合用在廚房，但要選不鏽鋼材質。

重點 ⑧ 加個收納刀叉的抽屜

廚櫃的抽屜多是固定高度，但可以要求設計一個淺層的抽屜，裡頭再設計分隔層，專門放刀叉湯匙，很好用喔。

▲ 喜歡下廚的人，這種刀叉收納抽屜一定要做一個。

 重點 ⑨ 拉門可防油煙散逸

擔心廚房的油煙跑出去？或擔心客廳空調散逸到廚房？網友Crystal就幫廚房設計個拉門，炒菜時把門拉起來，廚房就成獨立的空間，不用擔心油煙或冷氣的問題；平日把拉門打開，則可讓室內空氣流通，維持良好通風。

▲ 炒菜時關起拉門，就可防油煙散逸出去。

 重點 ⑩ 要留維修孔

廚房天花板內的管線多，除了燈具電線以外，有的還會設防火偵測煙霧設備、消防管線、排水管等，所以記得在天花板留個維修孔，日後要修什麼就不會太麻煩。

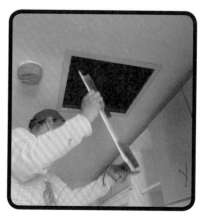

▲ 天花板記得要留個維修孔。

出包的廚房設計，
別讓它落在你家

有良好的設計，就有不良的設計　姥姥不少朋友與網友家中也有「後悔廚房」，有的看了，真的不知廚具公司在想什麼，應該是不常下廚或根本不作菜的人吧，才會有這些小白設計

狀況 1　人造石還沒使用就受傷

表面沒有毛細孔的人造石，因為不易卡污好清潔，又耐磨，已成廚櫃枱面的主流建材之一。雖然它耐磨，但不代表它耐撞。網友雞肉卷家就在點交廚房時，發現人造石枱面還沒使用過就有塊「傷疤」，看來是運送過程中被撞到了，當然要請廚具公司再來處理。這也提醒大家，任何廚具設備或枱面送到家時，還是要好好檢查的。

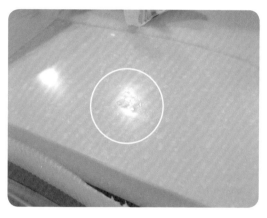

▲ 人造石送來時，就發現表面有傷痕，應是運送途中被撞到了。

狀況 2　炒菜老是踩到落水頭

之前衛浴篇曾討論過落水頭的設計，廚房也有同樣的問題。這戶人家的廚房落水頭就在瓦斯爐前，炒菜時就會常踩到落水頭，觸感不好。落水頭不能設計在常走動的動線上，應設計在更角落的地方，以不易踩到為佳。

▲ 落水頭設在瓦斯爐前，炒菜時就會踩到，觸感不好。

狀況 3　瓦斯爐太靠近牆壁，無法炒菜

這是網友小喜兒寄來的後悔設計，瓦斯爐太靠近右側牆壁，右邊的爐灶不太能炒菜，因為炒菜鍋常會打到牆，她又是右撇子，使用起來也不順，所以右側爐灶只能拿來燉湯或燒開水。

小喜兒說，瓦斯爐與牆之間的小小空間也常會積垢，但不好清理，所以，廚具公司定好瓦斯爐的位置時，一定要注意兩側與前方都不能與牆壁的距離太近。

▲ 瓦斯爐右側太靠近牆，用炒菜鍋時還會撞到牆。

狀況 4　冰箱被放入狹巷中，不好開

廚房的動線設計好不好，就看瓦斯爐、水槽與冰箱這三者之間順不順。順的話，拿菜、切菜、炒菜就可以在一個漂亮轉身就完成。基本上冰箱多放在角落，也多半沒問題，但有時就是會有例外。

朋友Lillian家就是如此，她家的冰箱被設計放在「狹巷」當中，造成她每次要拿菜都很不方便，更慘烈的是，走道出口還被「固定」式廚具擋住了，也無法再更動冰箱的位置，唉！

▲ 冰箱被放在這麼狹窄之處，拿菜都很不方便。

木作工程

凡跟板材有關的，都列入木作工程。主要是做天花板與做櫃子，但也包括木製室內門隱藏門、木作隔間牆、木作電視牆、窗下臥榻、和室架高地板、窗簾盒等。比較特別的是木地板，有的是木作工班在做，但現在許多海島型或超耐磨木地板廠商，為防範鋪法不當而造成維修的問題，多是派自己的工班施作；若是後者，則木地板的進場時間會排在木工工程之後。

系統家具也多在這個部分，有的櫃子設計會採用系統家具的桶身，但搭配木作的門片。櫃子有許多造型，門片可分拉門式或開闔式，材質又有木製或玻璃等不同；抽屜與拉籃五金功能更多，像長褲、圍巾、領帶、內內等都有專門收納的設計品。別偷懶，多搜集資訊，找到最適合自己的五金，日後就可省下許多找東西的時間。

point1. 木作，不可不知的事

[提醒 1] 木夾板承重力較佳

[提醒 2] 木門前後最好貼 4mm 足的夾板

[提醒 3] 門框要抓好垂直線

[提醒 4] 窗台木作臥榻易被漏水波及

point2. 容易發生的 8 大木作糾紛

1. 最黑心！天花板矽酸鈣板被換成氧化鎂板
2. 最偷工！天花板不上膠就打釘，木吊筋不足量就完工
3. 最減料！櫃子木料變薄，抽屜深度變淺
4. 最砸錢！系統家具不一定比木作櫃便宜
5. 最短命！鉸鏈五金用一年多就鏽了
6. 最走光！隱藏門關不起來，暗門超難用
7. 最受傷！木地板膠水亂亂噴
8. 最虛偽！染色海島型木地板，雜木假裝紫檀木

point3. 木作工程估價單範例

工程名稱	單位	單價	數量	金額	備註
天花板	坪				平鋪，矽酸鈣板／日本產儷仕防火板材／2 分 6 公釐厚／防腐集成角材 客廳，餐廳，廚房，玄關
上項燈盒及窗簾盒	呎				
木作隔間牆	坪				矽酸鈣板／8mm 厚／大陸產／中日品牌 臥室牆／單面；書房／雙面／內襯吸音棉
客廳電視主牆面	呎				貼白橡木鋼刷木皮 冂型造型線板 XX 公司產品
全室房間門片組	樘				前後貼 4mm 足夾板 含拉門、摺門
上項門片五金					品牌名
主臥衣櫃	呎				木作櫃全採 6 分足木芯板， 背板 1 分半足 7 呎高 6 呎寬 60 公分深／表面白橡木貼皮／4 個層板／ 4 個抽屜／3 個拉籃／2 個吊衣桿
玄關鞋櫃、餐櫃、書櫃等凡櫃子都採同樣的寫法					
和室架高木地板	坪				40 公分高，含 9 個收納抽屜
窗下臥榻	呎				高 40 公分深 80 公分，背板後方加防潮布 枱面為實木松木材質
浴室外造型牆	呎				表層貼梧桐木皮
浴室隱藏門	樘				採自動迴歸門鉸鏈／日本製／品牌及型號
木地板	坪				臥室／5 寸厚海島型木地板 ／柚木／國產／XX 品牌或公司名
木作踢腳板	呎				實木製
系統櫃衣櫃桶身	呎				長寬高尺寸
上項內含抽屜拉籃	組				抽屜 4 個／拉籃 3 個
上項五金配備	個				含穿衣鏡、吊領帶夾、吊衣桿 3 支等
上項鋁製拉門	才				含拉門軌道一組／XX 品牌

認識矽酸鈣板，
天花板裝修不被黑

我很
後悔

苦主 _ 網友 Jenny、部落格「斯人的 543」版主 ky，
以及眾多網友

最黑心！
天花板矽酸鈣板被換成氧化鎂板

| 事件 |

我家的天花板做好後，第二年開始掉油漆，天花板變成一格一格的，我以為是油漆掉的關
係，第三年則是在下雨時會結露，而且愈來愈厲害，還凹陷變形，我又以為是管線漏水，
後來才知道是被黑心師傅騙了，用了較便宜的氧化鎂板替代矽酸鈣板。

◀ 氧化鎂板的天花板，
因吸水率高，雨天或潮
濕的環境，就會結露。
（感謝練武術練得很厲
害的「斯人 543 的版主
ky」，好心提供照片。）

◀ 變形的氧化鎂板，天
花板像波浪一般。
圖片提供 _ 亞凡設計

如何分辨氧化鎂板與矽酸鈣板,網路上許多達人都有教,但最簡單的防弊法,就是在建材點交時,確認是矽酸鈣板就好。還好,每個有品牌的矽酸鈣板都有印自己的名號在上頭,所以只要會認品牌標誌即可。

號稱黑心建材第一名的大咖登場了,就是天花板的氧化鎂板。

一般天花板的板材多是用2分厚6mm的矽酸鈣板,但不肖工班卻用氧化鎂板來替換,這氧化鎂板會遇水變形,被騙的人很多,新聞都常報導。原因很簡單:一是氧化鎂板的外觀,長得跟矽酸鈣板一樣;二是點交時,因板子外已刷上油漆,根本看不出來裡頭是用什麼料。也就是這樣,凡沒有監工的,這部分很好偷料,現在即使被換氧化鎂板的人少了,但矽酸鈣板被換成雜牌的也不少。

台、日、中,矽酸鈣板常見品牌

如何分辨氧化鎂板與矽酸鈣板,許多達人都在網上做了介紹,但很奇怪,一堆人警告要小心,但還是一堆人受騙。我想,大家都跟姥姥一樣,我們看太多也看不出個名堂,擺兩塊氧化鎂板與矽酸鈣板在我面前,我也傻傻分不清楚。

所以最簡單的防弊法,就是在建材點交時,確認是矽酸鈣板就好。還好,每個有品牌的矽酸鈣板都有印自己的名號在上頭,所以只要會認品牌標誌即可。

木作師傅們覺得ok的常見品牌:

產地	品牌	價格*	工費
台灣	國浦、南亞、日通(台灣麗仕)	200~230元/片	2000~3000元/坪
大陸	中日	150~190元/片	1800~2500元/坪
日本	日本麗仕(或儷仕)、淺野等	280~330元/片	3000~4000元/坪

* 註:此價格為 3×6 呎,厚 6mm 的尺寸
資料來源:建材行、工班報價

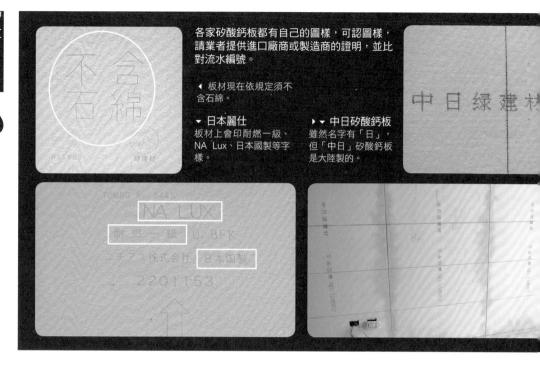

各家矽酸鈣板都有自己的圖樣，可認圖樣，
請業者提供進口廠商或製造商的證明，並比
對流水編號。

◀ 板材現在依規定須不
含石綿。

▼ 日本麗仕
板材上會印耐燃一級、
NA Lux、日本國製等字
樣。

▶ ▼ 中日矽酸鈣板
雖然名字有「日」，
但「中日」矽酸鈣板
是大陸製的。

TiPS
血淚領悟 123
安全＋第一

① ▶ 天花板板材矽酸鈣板進場
時，要確認品牌圖樣是否正
確。

② ▶ 名字叫「麗仕」的，有分
日製或台製，在估價單上要註
明，以免被魚目混珠。

其中較有糾紛的有兩點：一、常見的中日矽酸鈣板是台商在大陸設廠生
產，產地是在大陸，卻老有設計師說是日本製。

二、許多人都說麗仕好，但名字叫「麗仕」的，有分台製與日製。台灣
麗仕為「日通」所生產，價格較便宜，有些估價單上只寫用麗仕的，屋
主以為是日本製的，結果送來的是台灣製的；所以若想用日本麗仕，最
好在估價單上註明要「日本麗仕」。

此外，矽酸鈣板的好壞，主要是看吸水膨脹率，愈小的愈好；另一個看
平整度，也就是表面光滑度，日本製的以上兩點都很好，台灣居次，大
陸的較差，通常表面得再多次批土後，才會較平整，不然上油漆後，仍
會覺得有點不平；但是，大陸製的「中日」品牌，根據多位師傅的經
驗，覺得也還可以，許多設計師也是用這個牌子。

現場
直擊

▶ ▲ 日通矽酸鈣板
被稱為台灣麗仕的「日通」矽酸鈣板，是台灣製造。

日本製與大陸製的價差，每片大約110～150元，兩片為一坪，所以10坪下來會差2200～3000元，感覺沒差多少，但連工帶料後，價格就不一定了，所以也要看工班的報價。

矽酸鈣板是不是一定要用日本製的？嗯，姥姥問了幾位師傅，大家是真的都稱讚日本麗仕的品質，上漆的效果最平整，吸水膨脹率也低，但較貴，若預算有限者，不必拘泥在天花板，因為就算是最後選了大陸製的中日，品質也還可以。把省下來的錢拿去買更好的家具與地材，是更好的做法。

🔊 **MUST KNOW**
你應該知道

氧化鎂板是黑心貨

安全＋第一

氧化鎂板約是10年前引進的新產品，當時裝潢界大量採用拿來當防火材，一是因便宜，二還是便宜；當時是新產品，不知會吸水這麼嚴重，但若這幾年仍用氧化鎂板當天花板就是黑心了。所以當設計師或工班建議用新產品前，一定要多搜集資料，以免得不償失。

木作天花板
3種偷工的方式

你要當心

達人 _ 木作師傅楊政奇、集集設計、椿果設計

最偷工！
天花板不上膠就打釘，
木吊筋不足量就完工

|事件|

天花板最常見的偷工，是木吊筋的數量不足，有的則會為了趕工，矽酸鈣板不上膠就只靠打釘。日後都容易出問題。

那麼大的天花板，只用1個木吊筋，就是偷工偷料了。

圖片提供__亞凡設計

▲ 隔2根角料就要一個木吊筋
木吊筋主要功能是將角料固定在水泥天花板上，理論上，每2根角料就要在主幹上有一個木吊筋。

木吊筋長得像英文字母T，數量若不夠，天花板可能會掉下來。

天花板內的角料是要固定矽酸鈣板用的，打釘固定前的上膠最易被偷工；而木吊筋，是決定天花板板材會不會掉下來的重要因子，通常天花板板材會掉下來，就是沒把吊筋固定好，或數量不足。

姥姥在訪木作工班時，有許多師傅提醒曾看過的出包情形，我整理成一篇，希望大家也能小心。

天花板的固定角料少做好幾根，木吊筋也減量

天花板內的角料是要固定矽酸鈣板用的，通常天花板板材是6mm厚，長寬為3X6呎，所以理論上每片要有2直6橫的角料。正常的做法，每一呎都要下角料，偷料的方式就是會減格，變5橫桿等。

木吊筋（台語叫吊仔），是決定天花板板材會不會掉下來的重要因子。木吊筋長得像英文字母T，是固定角料在天花板水泥牆上的東西。通常天花板板材會掉下來，就是沒把吊筋固定好，或數量不足。正常做法是每2個吊筋的距離不能超過60公分，也就是每2根橫向角料就要做一個。每片矽酸鈣板3呎長的兩側，也都要做吊筋。

正確工法

◀ 角料數亦會偷工
若1片矽酸鈣板為3×6呎，則天花板的角料要下2直與6橫。偷工的人，角料數會變少。

▲ 集成材角料與實木角料
左為集成材角料，為新品；右為實木角料，使用約 7 年，
還保持得不錯。

▲ 認明 F3 低甲醛材料
角材外印 F3，表示為低甲醛角料，現在規定都要使用
F3 的板材。

TIPS
血淚領悟 123
安全+第一

▶ 天花板每塊 3X6 呎的矽酸鈣板，角料要用 2 直 6 橫；
木吊筋則是每隔 2 個橫向角料就要做一個。

角料最好要求台灣製

角料最常見的是柳桉木做的集成材或實木材。實木的優點是耐用，每才
積60元左右，使用期長達10～20年，但缺點是會熱脹冷縮變形，且有蟲
蛀的問題。

集成材質輕，好施工，且比實木便宜，但品質良窳差很多，大陸製的裂
開機率高，所以指明台灣製的較保險；大陸製每才30幾元，台灣製40幾
元，價格沒差多少，但品質較好，不過，師傅說，兩者都有相同的小問
題，就是仍不耐台灣潮濕的氣候，會變形。

角料一定要上膠，再黏板材

板材上角料時，除了打釘，也要上膠：有的工班會偷工省略掉上膠，有
的則是為了趕工。因為上膠要等乾，不上膠工程可快很多。好，若沒上
膠，時間久了，板材的黏合度會不好。

 ▶ 打釘前的上膠不能少
角料表面要上膠,接著矽酸鈣板也要上膠,才能做天花板。

 打釘固定天花板
用雙釘,把上過膠的矽酸鈣板釘在上過膠的角料上。

② ▶ 角料有多種規格,最好要求台灣製。

③ ▶ 矽酸鈣板上角料時,不僅要上膠,還要打釘。

註❶:此文的照片中,天花板內有放吸音棉,這是額外付費項目,一般設計是不放吸音棉的。

 **MUST KNOW**
你應該知道

掛燈具要加 6 分板

因為矽酸鈣板的承重力不夠,天花板掛燈具的地方,要加 6 分板與前後兩根木吊筋,才夠支撐力。尤其是較重的燈,木吊筋一定要加。

▶ 裝吊燈的地方,要加 6 分夾板與木吊筋。

木作櫃，
也有3種偷工的方式

你要
當心

達人 _ 木作楊師傅、游師傅

最減料！
櫃子木料變薄，
抽屜深度變淺

|事件|

木作櫃子大多都是用波麗板，一般會偷的地方，是用到麻六甲板材。另外，還有板材的厚度可能不足、櫃內的抽屜也可能會縮水，深度硬是變短了。

波麗板送到現場時，可檢查一下厚度。

正確
工法

▲ 小心麻六甲板材
板身要小心被用成麻六甲木心板。

▲ 波麗板做桶身較易清理
波麗板較木芯板耐磨不易沾塵，也好清理。

▲ 外層貼皮，可省塗裝費用
波麗板外表有貼皮，可省內部塗裝工程。

木作櫃的作工，除了看師傅的手藝差別好壞，還要防施工時被偷工。木作櫃偷工大致有 3 種方式：櫃身不上膠、板材厚度會縮水、抽屜深度也會縮水。

木作櫃的作工要看師傅的手藝，一般櫃子的板材多用波麗板做桶身，底材是木芯板，外表會貼皮或貼塑膠紙，因此表面較耐髒耐磨。波麗板表面平整，貼皮也已塗裝好，可以減少上漆的費用。但波麗板外觀質感較差，講究的人，門片仍多是用木芯板貼實木皮板後再噴漆。

有人會認為木作櫃的甲醛量很高，這是錯誤的觀念，現在板材規定都必須用F3等級（低甲醛），當然，除非是被黑心了。板材送來時，上頭都會打上出產地、公司名等資訊，還有就是「F3」標誌，這個很好認。不過，在貼美耐板或實木皮板時，師傅多是用強力膠貼，這部分就有含揮發性化學物質了。

家中的木作價格要看作工的狀況而定，一般高櫃在5～8呎（1呎約30公分），展示櫃1呎4500～6500元左右，衣櫃1呎5500～8000元左右，5呎以下矮櫃則是1呎3500～5000左右（註1），此外，除了衣櫃的基本配備外，若要加更多抽屜與其他五金，價格另計。

木作櫃施工時，有什麼要注意的呢？根據師傅們的說法，大致有3種偷工方式。

1.板材用麻六甲板
櫃子板材多是用柳桉木，俗稱心仔。但部分師傅會用麻六甲的木芯板（俗稱麻仔）。因價格便宜，但麻六甲的木種很軟，內聚強度差，螺絲的固著力較不好，承重力也較不好。裁切時飛屑又多，對師傅本身健康也不好，所以屋主一定要提醒：不要用麻仔。

2.板材厚度會縮水
一般做櫃子，底板厚度是1分半（4mm），兩側、上下與層板則是用6分厚（18mm）、門片是6分底板加3mm木皮板，更講究的還會再加3mm基

註❶：價格會視材料與做工而有調整。

正確
工法

▲ ▶ 完工後抽屜流暢性與深度要確認
抽屜做好後，可拉出來看看，深度是否與櫃深差
不多（右上），順便測試一下三節軌道順不順。
（右下）

TiPS
血淚領悟 123

安全＋第一

① ▶ 木作櫃的板材送到時，要確認厚度。通常 3 分板厚度
不到 3 分，要指定厚度「足」，才有保障。

材與表材，厚度共24～27mm。但有的師傅會用較薄的板材，例如厚度減
個1分，這耐用度就會有差。所以最好估價單上，要寫明厚度。

再來談個觀念，在理論上，1分是3mm，但在木作界，1分是不到3mm
的，要說1分「足」才會給3mm的板材。差一個字就有差，姥姥第一次
聽到時也覺得很扯，但每行有每行的辛酸，而且木作界這樣定厚度也很
久很久了，這部分不太算騙人，只是一般屋主不知道。所以，較有預算
的屋主，要提醒木作師傅，「我家的板材全部要用厚度足的。」

3.抽屜深度也會縮水

一般若櫃身深度為60公分，抽屜深度會少一點，因為要加板材與五金抽
屜的寬度，所以少個5公分以內是合理的，但少到10公分就是偷料了。
有的櫃子抽屜一拉出來，會覺得怎麼那麼快就到底了，這時可拿尺來量
量長度，就知有沒有問題。

▲ 舊櫃上方可再另做上櫃
若是保留舊櫃體，也可以請木工再做上櫃，增加收納量。

◀▲ 櫃子背板與桶身以釘槍固定
櫃子背板多為 4mm 厚（左圖），與桶身之間會
用釘槍打雙釘固定結合（上圖）。

②　▶ 確實監督板材為柳桉木，非麻六甲。

③　▶ 抽屜的深度要拉開來檢查。

🔊 **MUST KNOW**
你應該知道

鎖螺絲較穩

安全＋第一

櫃子層板與桶身之間，有的是鎖螺絲，
有的師傅喜歡用釘槍打釘，但若是要掛物
或放重物的層板，如衣櫃、書櫃，最好用
螺絲，會比打釘堅固。木作廖師傅表示，
螺絲又以黑尖尾木螺絲為佳。

▶ 層板與櫃體之間，用螺絲鎖合較佳。

做木作櫃大概是許多人認定的裝潢項目之一，請木作師傅做櫃子，好處是能善用空間，即使是畸零地也能充分利用，而且木作櫃的防潮能力也很好。木作櫃的工法除了基本原則之外，還有一些小秘訣，會讓櫃子更耐用喔！

秘訣 1 背面放防潮布

櫃子後方直接貼壁，易受水氣影響，所以最好在櫃體後方加防潮布。這布很便宜，多是含在櫃體設計費中，要記得提醒工班或設計師加，尤其是櫃體背牆的隔壁就是浴室或是直接淋到雨的外牆時。

▲ 櫃子後方最好加層防潮布，可防濕氣。
圖片提供—亞凡設計

秘訣 2 櫃底加腳

地面易積濕氣，所以櫃子最好不要直接貼地，要做腳。不然，木芯板接觸到濕氣，時間久了易變形或發霉。再來若地板不平，做腳也可調整高度。別擔心櫃腳會難看，你也可以再包覆踢腳板，就看不到腳了。

▲ ▼ 櫃子留腳，可防底下濕氣，也可調整不平的地板。
固定櫃在做之前（下圖），會先以角料做出櫃腳高度。

▼ 櫃腳外可包覆踢腳板，外觀就看不到腳了。

秘訣 3　層格寬度要注意

一般書櫃因承重較大，6分板的長度最好在80公分之內，較不會發生凹陷，若能在60公分以內，更好。衣櫃的長度則最好不超過90公分，吊衣桿也是一樣，長過1米，要在中間處再加個固定環。

▲ 這個層格寬達115公分（超過90公分），若擺的衣物較重，日後層板易下陷。

▲ 古人說，書中自有黃金屋。真的，書都很重（呵），所以6分厚層板寬度最好不要超過80公分，不然，多會承受不起。

▲▶ 吊衣桿太長時，約80～90公分處，要再加固定環。

秘訣 4　櫃子做導角要先講

櫃子邊緣90度的轉角修成圓形的，就叫導角（或倒角）；圓圓的導角與90度銳角比起來，撞到時較不痛也不易撞傷，所以家有老人家、小孩或未來會有小孩者，都適合做有導角的櫃子。那導角設計在估價時要先講，好讓工班備料。

▲ 櫃子若要做導角，要提早告知。
圖片提供一集集設計

▲ 導角就是將兩片板材原本90度的夾角，修成圓角，若撞到也不會太痛。

秘訣 5 層格孔洞要多打

層格孔洞多是一整排打下來，但是，仍有部分會只打兩三個而已。多打一些可方便日後層板移位。一樣，屋主要提醒工班。雖然我們不斷碎碎念，但總比日後後悔好。

對了，也要多跟工班要個一兩片層板，也許會加錢，但最好備一兩片。姥姥的經驗是，家裡的東西會隨年紀成長，到時東西一多，就會希望櫃子多一格，這時備料層板就能發揮其存在地球上的價值。

在工程進行中要層板，價格便宜，但若工程結束多年後要個層板，就很不容易。師傅難尋，層板也會跟原來的櫃子不太合。

▶ 層格孔洞要打一排，這也不會多收錢的（上圖）。下圖的櫃子，就只打 3 孔而已。

秘訣 6 門片可貼鏡子

穿衣鏡放在衣櫃附近方圓1公尺內是很好理解的事，但有時，設計師或工班都會找不到放鏡子的地方。雖然我無法理解是發生什麼慧星撞地球的事，但我真的看過好幾個案子臥室都沒有全身鏡，當然，可能是預算的問題，但拿掉一些燈光或裝飾工程的費用，應就有錢可以做鏡子了。

鏡子可以貼在櫃子門片內或外，有的人覺得門片外貼鏡，會有半夜被自己嚇到的疑慮，那就貼在櫃子門內也是ok的。不過，貼在門片內的話，照鏡的迴旋空間較小，與貼在門片外相比，有些女生想看身後造型或轉幾圈看裙擺飛揚的樣子時，會比較不便一點。

有的設計會用到伸縮式五金的鏡子，也可以，但我個人覺得每天拉出拉進的，有點麻煩。另一個可以貼鏡的地方，是臥室室內門的背後，也是常見的選擇。

▶ 在櫃子門片的內與外都可貼鏡，臥室門後也是「藏鏡」的好地方。

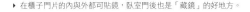

秘訣
7
活動式櫃體

矮櫃做成活動式已成趨勢，搬家可帶走，平日也可視個人喜好或心情移位。但活動式只適合矮櫃、半腰櫃等，若是較大面較重的書櫃、餐櫃、廚櫃，仍建議做成固定式，以免地震時倒下來。

▲ 像床頭櫃的矮櫃，就很適合做成活動式的，日後搬家還可帶著走。

▲ 大片木作櫃仍以固定式為佳，以免地震時倒落。圖片提供──集集設計

 MUST KNOW
你應該知道

木作櫃的省錢術

省錢 1 **無把手門櫃**

通常無把手的櫃門設計，並不會多花錢，那沒用把手，就可再省點五金費。

▶ 沒把手的櫃子，看起來較俐落。

▲ 無把手的木作門片，可省下五金的費用。這門片上端斜切45度角，即可不用把手開啟門片。

省錢 2 **網籃的費用比抽屜省**

其實，做網籃不只省錢而已，因為木抽屜要留前後與兩側6分板的厚度，所需空間較多，自然抽屜的空間會比網籃小；再來網籃只要用好一點的鋼材與軌道，使用壽命也長，但比抽屜透氣很多，適合用在衣櫃、餐櫃、廚櫃。若你家環境較潮濕，更適合設計網籃，因為跟抽屜比起來，衣物較不易發霉。

▲ 網籃較抽屜省錢，也透氣，很適合用在衣櫃裡。

安裝網籃時，最重要的是確認尺寸與櫃子合，姥姥之前的衣櫃中的網籃，會拉一拉就掉下來，後來請師傅看，才知道是當時做的木作師傅沒做好，尺寸不對，所以做好後，一定要試拉個10幾次，確認無誤才付錢。

▲ 選網籃時，愈粗勇ㄟ尚好，鋼條密度高者也較佳。

只要5分鐘，
一口氣弄懂系統櫃

你要
當心

苦主__網友 Juice

最砸錢！
系統家具，
不一定比木作櫃便宜

| 事件 |

看了許多雜誌與書，都說系統家具比
木作櫃便宜，我為了省錢，就去跟設
計師說，櫃子要用系統櫃的，而忘了
去比價，後來另一朋友家也裝潢，才
發現我家的系統櫃比木作櫃貴，早知
如此，我就做木作櫃就好了啊！

系統家具要看品牌與材質，
不一定比木作櫃便宜。

現場
直擊

▶ 各式板材比一比
由左到右，各為木芯板塑合板（綠色）、木夾
板、密集板，系統家具要挑綠色板防潮塑合板。

多年前，除了進口品牌，一般系統家具的價格真的比木作便宜，但這幾年板材與五金的價格飛漲，再加上各品牌也要打廣告做行銷，成本越來越高，所以現在系統櫃不一定比木作櫃便宜，兩者比較，各有優缺點。

關於系統家具，我本來不想放在工法中談，因為這較偏家具好壞，而且，我原打算是探訪一個月後，再來好好寫個三天三夜，將各大品牌及小廠、國外板材到國內大盤商，一次寫個夠；但我的編輯以悲天憫人的胸懷告誡我，系統家具還是很多人在做，不寫怎行呢？我只好把朋友Juice與網友們的經驗拿出來，寫篇綜合版的。（後來事實證明她是對的，網站上點閱率高出一般文章）。

系統櫃板材封邊要好，才耐潮

多年前，除了進口品牌，一般系統家具的價格真的比木作便宜，但這幾年板材與五金的價格飛漲，再加上各品牌也要打廣告做行銷，成本越來越高，所以現在是，系統櫃不一定比木作櫃便宜。

到底選哪個好，嗯，各有優缺點。

先來看材質，木作櫃多是用波麗板在做，波麗板是種有貼皮的木芯板，系統家具則是用塑合板，底材由打碎的木碎塊經由高壓壓製而成，表面貼美耐板，比木芯板的木貼皮耐刮耐潮。

台灣目前進口的系統家具塑合板，以P3板（俗稱的V313）為主（註1）。與木芯板相比，P3防潮力較差，不過根據姥姥實驗與實際案例來看，只要塑合板的「封邊」做的好，防潮力也很好。

不過，塑合板有分歐洲板、大陸板，歐洲板的品質較佳。好玩的是，姥姥調查20幾家通路商時，都沒有人說用大陸板，那大陸板是跑到哪裡去了呢？別懷疑，就還是你與我的家中。你看裝潢估價單上面，有標示板材品牌嗎？沒有嘛，所以不少業者就用大陸板混水摸魚。

怎麼知道自己下訂的是歐洲板呢？你可以跟業者要產品出貨證明，並且在訂貨單上註明是哪一家進口板材商的板子，還有產地與品牌名，日後

註❶：有關系統家具板材更完整的介紹，可參看《這樣裝潢省大錢》一書。

▲ 系統櫃可結合實木門片
有的系統商推出貼仿實木紋的門片，質感向木作櫃邁進
一大步。

◀ 系統家具耐刮磨，但塑味重
系統家具表面貼美耐皿，雖然耐刮耐磨，但塑膠味較重。
圖片提供_亞凡設計

發現有問題時則可提告。

除了板材要指定之外，五金也是重點，尤其是衣櫃，因為開合次數多，
也較多拉籃抽屜，**五金的等級是很重要，有終身保固的會較好。**

以承重力來看，木芯板也較佳。但若是衣櫃，根據幾位朋友的經驗，系
統或實木衣櫃都ok。 若是書櫃，需要較好的承重力，木芯板較佳。如果
預算有限，要用系統或現成櫃，層板要厚點，最好達2.5公分以上。層格
寬度也要注意，6分1.8公分厚的塑合板，長度不超過60公分，不然，容
易中間凹陷。

以甲醛量來看，系統櫃勝出，雖然兩者都是用低甲醛的板材，但是木作
櫃還要用膠黏合，部分黏著劑強力膠有揮發性物質。不過造型上來看，
木作櫃的質感及空間利用率皆大於系統櫃。系統家具最大缺點，就是沒
啥造型可言，因為部分選貼單一色調的美耐板，塑膠味較濃，再加上許
多業者老是賣10年前的那幾款造型，看起來較沒變化。不過也有些品牌
推陳出新，仿實木木紋的仿真度真是讓人另眼相看，質感相當好。

選系統家具時，我的建議是知名不代表頂級，但有一定的品質，不知名
不代表不好，但市面上有點亂，仍要多比較。

▲ 五金重品牌
五金材質很重要，會影響到櫃子使用的便利和壽命，選擇可以信任的品牌，是最穩當的方式。

正確
工法

系統櫃與木作櫃比一比

種類	系統櫃	木作櫃
板材	以 P3（V313）為例	以貼皮木芯板為例
板材厚度	有多種厚度，但以 6 分 1.8cm 為例	有多種厚度，但以 6 分 1.8cm 為例
耐潮力	也不錯	較好 勝
承重力	OK	OK，但較好 勝
空間利用率	會有尺寸限制	可完全善用畸零地 勝
造型	變化較少	變化多 勝
甲醛量	E1 等級 勝	板材是低甲醛，但黏著劑易有揮發性化學物質
施工時間	較短 勝	較長
清潔	現場乾淨 勝	現場施工，木屑多，要花清潔費
價格	高低不定，不一定便宜	一呎高櫃約 5000~8000 元左右

資料來源：各木作師傅與各系統家具業者

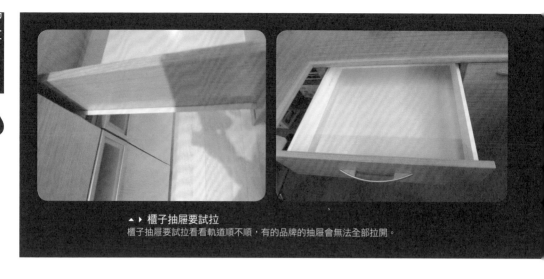

▲ ▶ 櫃子抽屜要試拉
櫃子抽屜要試拉看看軌道順不順，有的品牌的抽屜會無法全部拉開。

TiPS
血淚領悟 123

① ▶ 系統櫃不一定比木作櫃便宜，要改變傳統的觀念。

 **MUST KNOW**
你應該知道

省錢櫃的 4 種做法

　　若因預算有限，想做個省錢又有質感的櫃子，有沒有什麼辦法？有的。

1. 桶身用系統櫃：一般系統櫃的桶身是比木作櫃便宜，所以可桶身訂系統的，門片用木作來做，質感較好，造型也多變，但建議木作門片就別貼美耐板了，貼實木皮比較好看。

2. 櫃門片改用布簾：若覺得木作或系統門片還是太貴，可用布簾代替門片，櫃身則

◀ ▲ 用布幔代替門片，若選到不錯的布料，質感也不輸木作櫃，會有另一種風味。

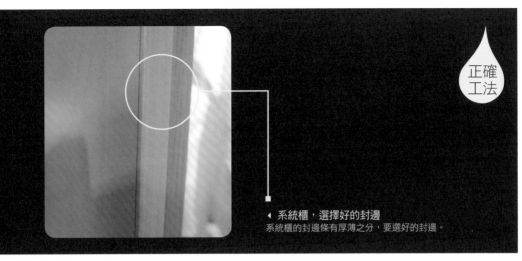

正確
工法

◀ 系統櫃，選擇好的封邊
系統櫃的封邊條有厚薄之分，要選好的封邊。

② ▸ 系統家具在比價時，要把抽屜拉籃等配件，一起算入。

③ ▸ 最好選防潮板材，且封邊良好，才不怕潮。

去買 IKEA 等現成產品。布幔若選較便宜的，可省下好幾千元；若選質感好一點的布，整體質感是不輸木作櫃的。

3. 挑 IKEA 的門片：這是設計師邱柏洲常建議的，去 IKEA 挑門片，然後請系統商打造相合尺吋的桶身，費用也比全做木作便宜，但造型不錯看。

4. 木作拉門加 IKEA 櫃子：網友 Lillian 提供的好法子。櫃子桶身買 IKEA 的，然後請木作師傅做個「拉門」，這拉門高度從地板做到天花板，把 IKEA 的櫃子藏在裡頭，整體造價也比純做木作櫃便宜許多，但外觀看起來也很好看。

▲ 用木作拉門搭配IKEA櫃身，拉門上還可塗黑板漆，當成記事板。圖片提供＿ Lillian

系統櫃出包，別讓它落在你家

系統櫃的作工一般較少聽到問題，但還是有例外。為什麼？因為系統板材仍要靠「人」來裝，只要與人有關，任何事就無法保證能像 ISO9001 有標準作業流程，再來看一下網友家中這些出包的櫃子，就知道師傅不認真時，是多麼讓人無力，也提供給大家驗收時的參考。

狀況 1 外觀正常，內部破洞多

外觀看起來很正常的系統櫃。因現場正進行油漆工程，外面包覆著塑膠布。但打開櫃子門片，可以看到多處螺絲鎖得非常粗糙，這是用木芯板做的櫃子，板材上還留有許多鎖錯的洞，不然就是把板子弄破了。

◀ ▲ 系統櫃表面看起來很好，但門片一打開，可看到多處破損。

狀況 **2** 門片下方忘了烤漆

這個系統櫃是用木芯板當板材。門片基本上6面都會做結晶鋼烤，但師傅顯然忘了最底下那面，或許以為屋主看不到。

▲ 門片最底層沒有做結晶鋼烤，還是原來的木色。

狀況 **3** 木片沒黏緊，脫皮收場

用木芯板做系統櫃，有的業者封邊技術不是很好，貼的木皮沒貼好，竟掉下來；而沒掉下來的，也可看到邊緣的裁切不佳，像被狗啃。

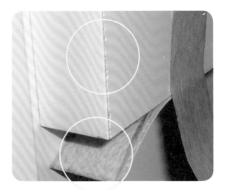

▲ 這掉下來的木皮，真令人傻眼。

狀況 **4** 拉籃高度沒算好

理論上，系統櫃內的拉籃應都是可以通暢地拉進拉出，但這個拉籃在拉出來時會卡到枱面，可見師傅安裝時不用心，裝的位置不對，才會造成這樣的結果。

▲ 拉籃會卡到枱面，不知這師傅是怎麼裝的。

狀況 **5** 抽屜錯位

再來一個理論上，櫃子的抽屜應該都在同一直線上，但圖中的抽屜顯然並沒有排好隊，相互錯位了，不在同一直線上。

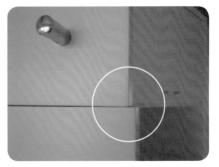

▲ 很少有機會看到的出包狀況，上下抽屜還會錯位。
本文部分圖片由網友雞肉卷提供

鉸鏈責任大！
五金好壞誰看得懂？

我很後悔

苦主 _ 網友 Anwei

最短命！
鉸鏈五金
用了一年多就鏽了

|事件|

我家的浴室鉸鏈用不到一年就鏽得不像話，雖然還沒斷，但我看也快了，為什麼那麼快就鏽掉了呢？

▲ Anwei 家浴室中的鉸鏈，全身都是鏽屑，好像用了幾十年的樣子。

圖片提供－網友 Anwei

Problem_
live report

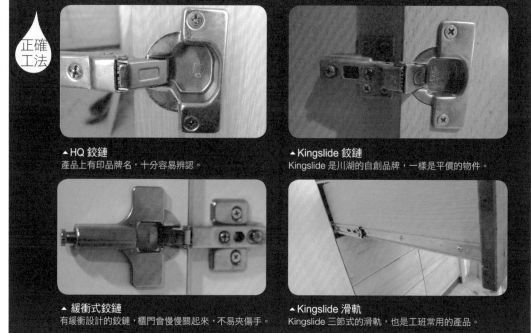

正確工法

▲ HQ 鉸鏈
產品上有印品牌名，十分容易辨認。

▲ Kingslide 鉸鏈
Kingslide 是川湖的自創品牌，一樣是平價的物件。

▲ 緩衝式鉸鏈
有緩衝設計的鉸鏈，櫃門會慢慢關起來，不易夾傷手。

▲ Kingslide 滑軌
Kingslide 三節式的滑軌，也是工班常用的產品。

裝修家裡時,多將焦點放在天、地、壁等大面積物體上頭,往往會忽略掉小小的五金,像做櫃子,木材的部分不易偷料,但五金就很好下手了。像用到品質差的鉸鏈,櫃門很快就會掉下來。

 裝潢,真的是最遙遠的距離。即使工班就在你面前偷料,你仍不知道、看不懂,還會跟他說謝謝。這就是一般人在裝潢工程中弱勢的地方。

看品牌選五金,俗又大碗

像做櫃子,木材的部分不易偷料,但五金就很好下手了。拿櫃門的鉸鏈來說,對一般大眾而言,長得都差不多,講品牌,一個都沒聽過!姥姥於是做了田野調查,問了10幾位師傅與跑過幾個工地,來看哪些品牌價格便宜又好用。

鉸鏈:用「HQ」的最多,這是台灣廠川湖科技(2059)做的,大家看到了吧,這公司後頭有個4位數字,是滴,這是股票代號,川湖是上市櫃公司,9成師傅都說這個品質ok,一顆鉸鏈20幾元,俗又大碗。

滑軌:一樣是由「川湖」奪冠,是他們自創的品牌Kingslide,三節式的,推拉感算順,價格也便宜,一個200～300元,

鉸鏈與滑軌除了標準規格,也有油壓緩衝的,就是關門片時,門片不會立刻碰一聲,嚇得人頭皮發麻!不過,價格較貴,以HQ鉸鏈為例,無油壓緩衝者,一個25元左右;有緩衝的一個就約170元。若用在浴室或有水氣的地方,則建議用不鏽鋼材質,一個約115元左右。

如果你有預算,想在五金上用更好的,以下也列出一些進口品牌給各位參考:Salice(義大利製,但有一位師傅覺得不好用)、Blum(奧地利,較貴,但大家都說好)、Hettich(德製,也叫黑騎士)、Grass(奧地利製)、LK(日本製,立鎧代理,少見,一組80元,相對便宜)。

TiPS
血淚領悟 123
安全+第一

 ① ▸ 鉸鏈最好在估價單上,註明品牌。

② ▸ 在較潮濕的地方,可裝不鏽鋼材質;若擔心門片夾到手,可用油壓緩衝式鉸鏈。

室內門被黑心，
門鉸鏈被偷換成櫃鉸鏈

我很後悔

苦主 _ 網友 Anwei

最走光！
隱藏門關不起來，
暗門超難用

> 浴室的門剛開始是隱形的設計，但沒用多久，門不但要用力摳才開得了，也關不起來，最後只好加裝手把。

| 事件 |

我家廁所門是做成暗門，就是看起來是面牆，但其中藏著個廁所門，但現在門不但關不起來，縫還很大；這是投資客的房子，原本好的時候，門跟牆壁完全在同一平面，但是要開廁所門，還是得手摳那凹縫（門邊被摸得很髒那塊，很容易認），要滿用力地才能開（來家裡的客人都開不太起來 ），再加上家人常手被夾到，我們最後只好安裝個門把；我現在是很想整個把門換掉（泣）。

網友 Anwei 的失敗暗門大解剖 ↘

現場直擊

▲ 浴室暗門關不住
浴室門關不起來，要用手抵著才能與牆平（右圖）。

▲ 五金損壞一大堆
最下方金色的門鎖是後來新加的，因為原本中間的銀灰色鎖壞掉了，最上方的手把也是新加的，好方便開門。還有，原本可讓暗門一壓就彈起來的拍拍手五金（右圖），也早已經壞了。

木作師傅是用給櫃子門片用的鉸鏈拿來給門片用，竟把室內門當櫃子的門片在做！因為承重力不足，鉸鏈很快就會失去咬力，門關不起來，還會有一堆問題陸續發生……

 較常見的隱藏式門片設計，就是將牆與門做成同一片木作牆，其中一片是門，但外觀看起來就像一整片牆。

看到Anwei寄來的照片時，我跟專家們都傻眼了。她家的暗門做法真的是超出常理，一般偷工也只是換不好的料而已，她家更誇張，大概只有投資客的房子才會這樣做。所以，要買投資客的房子時，一定要找位懂裝潢的朋友同行。不然，就跟對方講，少個100萬元，我要重做裝潢，因為裡頭黑的實在太多，整個砍掉重練較保險。

門鉸鏈用櫃門鉸鏈替代，傻眼！

來，解釋一下，這個暗門離譜的地方，是把室內門當櫃子的門片在做。嗯，先談一下室內門的做法與櫃門做法的不同。

室內門的重量遠大於櫃子門片，再加上開闔次數多，所以門鉸鏈與櫃門片的鉸鏈是不同的。

鉸鏈是有分「承重力」的，若把承重0.5公斤的拿去承重5公斤，用不了多久，鉸鏈就會罷工，鎖在壁面的部分也會鬆脫，與牆壁「漸行漸遠」，最後就是門會關不緊。

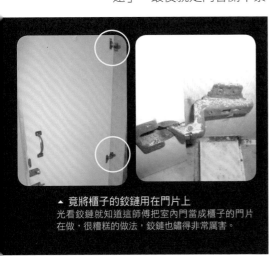

▲ 竟將櫃子的鉸鏈用在門片上
光看鉸鏈就知道這師傅把室內門當成櫃子的門片在做，很糟糕的做法，鉸鏈也鏽得非常厲害。

一般室內門採用標準規格的門鉸鏈，隱藏式門片則要用會「自動回歸」的門鉸鏈。依照木作盧師傅的說法，日本或韓國進口的自動回歸鉸鏈的品質仍比較好，這種鉸鏈可設定角度，如門開啟90度後，一旦回到45度，即會慢慢回復到與牆齊。這個45度也可調整到60度或30度，進口的鉸鏈使用壽命較長，不易發生門回不來的情形，但價格貴，一組要2400～3000多元。

▲ 自動回歸門鉸鏈
具自動回歸功能的門鉸鏈，中間有一孔可插入螺絲起子，調整回歸的角度。使用時不能強迫它關門，不然易壞。

TIPS
血淚領悟 123

安全➕第一

① ▶ 最好買等級較高的自動回歸鉸鏈，若沒什麼預算，寧可不做隱藏門，以免日後要更換會花更多的錢。

好，來看看Anwei家的暗門設計，她家誇張的地方，就是木作師傅是用給櫃門用的鉸鏈拿來給門片用，因為承重力不足，所以鉸鏈很快就會失去咬力，門關不起來。且這使用不到一年就鏽成這樣，可能這鉸鏈還是二手的，從別的場子拆下來後直接裝上去的。

暗門設計，隱藏式美意破功

還有，在門把的地方也用了櫃子門片才會用的「拍拍手」的設計。這拍拍手五金，就是按壓下去會將門片彈開一點，好讓人開櫃門。但這沒心沒肺的師傅或投資客，把拍拍手用在室內門上，當然，很快就壞掉了，所以Anwei一家變成要用力摳門縫，門才打得開，但門開了後又易夾傷手，後來才又加裝了門把。

設計這種暗門還有個小地方要注意：常推門的地方會出現「髒髒的」印子，所以表層木片要選好清潔的，不然用久難清油污，暗門也會因這塊地方而破功。

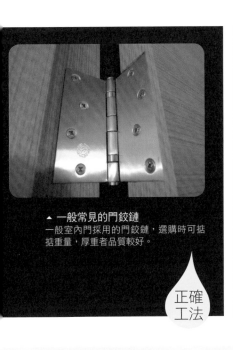

▲ 一般常見的門鉸鏈
一般室內門採用的門鉸鏈，選購時可掂
掂重量，厚重者品質較好。

正確
工法

 )) MUST KNOW 你應該知道

自動回歸門鉸鏈
千萬別手動加速

　　不少網友反應自動回歸的門鉸鏈不好用，才 1～
2 年就關不太起來，有的可能是鉸鏈品質不佳，但
更多是屋主使用方式不對。椿果設計張主任提醒，
關門時，不能強迫門「加速」關起來，對待這門，
得跟對待小孩一樣，就是要讓它自己慢慢來，不要
催它，也不要推它，不然容易壞。只要注意使用方
法，就能長長久久。

 ▸ 室內門皆要使用門鉸鏈，隱藏式
門片則可選自動回歸功能的門鉸鏈。

③ ▸ 自動回歸的門，不能硬推它關門，
會容易壞。

✚ SOS
補救手帖！

好的五金值得投資

　　如果真的遇到像 Anwei 的狀況，該怎麼
解決呢？

　　我們可以再請木作師傅安裝新的門鉸
鏈，但姥姥也要提醒大家，若遇到與五金
品質有關的設計，一定要花錢買好的五金，
不然就換設計，以免日後麻煩。像這種暗
門常發生門關不起來，當然，不一定是安
裝了這個櫃門鉸鏈，而是裝了較便宜、使
用期限較短的自動回歸門鉸鏈。

　　重新找木作師傅來安裝五金，花錢又傷
神；因為木作師傅不一定會接這個小小小
案子，你光找願意接案的師傅可能就要
花不少時間；就算願意去你家，一趟收
個 800 元工資，加上一個好一點的五金要
2000 多元，可能還要 3000 多元才能擺
平。更慘烈的，門片若已腐壞，連五金都
無法裝，就只好全打掉重做，又要花許多
時間，失去的，不只是錢而已，可能要去
哪洗澡都要先想好。

木地板有學問，實木、海島型、超耐磨比一比

我很後悔

苦主_網友阿福

最受傷！木地板膠水亂亂噴

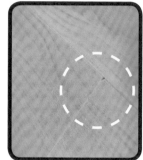

事件

我家共有 3 個房間施工，3 個房間都不同師傅，當初選擇超耐磨木地板，因為預算有限又不甚了解，就選擇了本土廠有一年保固的超耐磨系列，在店面因為沒有這一款的 sample 可以參考，業務又說鋪起來跟其他系列一樣，所以就下手了，但到最後簡直是一團亂，地板有許多地方不是接縫過大，就是有裂痕及缺角。

地板有許多地方都被撞傷，而有缺角。

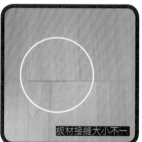
板材接縫大小不一

踢腳板傷痕不少

▲ ▶
超耐磨木地板板材間，直排與橫排的縫隙大小有落差，踢腳板也有多處傷痕累累。

木地板可分成 3 大類，一是海島型木地板，二是超耐磨木地板，三是實木地板，在材質上各有不同，也因應著不同需求，選擇上除了價格，要特別注意施工過程，以及完工後地板高度是否統一的問題。

 大家看了200多頁姥姥寫的文章，大概都想睡覺了。所以這章節，我們請網友阿福當主角。這是一段不堪回首的往事。

我一直到施工完畢，才了解施工方式的重要性。即使是選擇到價廉但物不美的地板，防水隔音層、接合、收邊這幾個都很重要。先從接合說起，因為該款地板需要上膠，「膠水噴得到處都是」，當時有問施工師傅，回答是說用水就可以擦掉。是可以擦掉，但是噴到牆壁上，過程並不是很好處理。

在施工的同時，踢腳板的漆也被刮得傷痕累累，不知道是不是亮面漆比較厚的關係，我自己補了好幾次還是不太平整。

這款木地板上了膠水之後還必須用槌子大力敲才會密合，導致上面超耐磨那一層有些已經被敲裂，而且每塊木地板的接縫看起來就是不舒服，縫隙大小不太一樣，有的很大，沒有網路上其他分享的網友那樣漂亮。

防水隔音層是用泡棉的那一種，我不清楚其他家的施工方式，我家用的不是完整一整片的泡棉，而是拼拼湊湊看不出規則的排法，像是要把泡棉的料物盡其用的鋪法，甚至有一些有大於10公分以上的空隙（僅目測），而且他的固定方式是將鋪在地上的泡棉用刀片挖洞，洞還滿大的，三個師傅挖的洞也是沒有一個準則，然後在洞裡面擠上「矽利康」去黏，看起來好像不太牢靠。

上面這些我覺得是問題的問題，當場問施工師傅以及打電話問木地板公司業務，他們都說這是正常的施工方式。我想這是他們公司自己的師傅，原廠都敢這樣說了，再加上有一年保固，就先這樣，跟他盧下去的時間與精神好像不太值得。

但事後我覺得他們施工真的很不好。因為施工的隔天我就把一些簡單的問題處理好了，所以現在只能拍到地板裂縫以及接合處大小的問題。

正確
工法

鋪泡棉後
安裝木地板

鋪防潮布

▲ ▶ 木地板直鋪法
直鋪法常用於超耐磨地板，最底下會鋪層防潮布，記得每片之間要
交疊。鋪防潮布時，有的會再加層泡棉，才再上木地板。泡棉是整
片的，部分不好的師傅，會用別家剩下的泡棉東拼西湊；鋪地板時，
在師傅會使用木條拿來打地板，讓板材更緊密結合的。
圖片提供─亞凡設計

從阿福的經驗，我們可以知道，「即使是原廠師傅，也不能保證品
質。」因為這關乎一家公司的管理能力，總公司說什麼做什麼，不代表
第一線的工班就會說什麼做什麼，屋主還是自己做好功課吧。

在台灣，木地板可分成3大類，一是海島型木地板，二是超耐磨木地
板，三是實木地板。

木地板三大類─海島型、超耐磨、實木

海島型木地板：底材是木夾板，由橫直交錯的木薄板經高壓製成，上面
再鋪層實木皮，一坪從3000～10000元都有。優點是防潮力與穩定性相
對較好，但缺點就是表層不耐刮不耐撞，也有縫隙易卡污的問題。現下
也有業者推出較耐刮以及無縫的海島型木地板，只是價格都較貴，一坪
多要8000元以上。

超耐磨木地板：則依底材材質，分兩大派，一是底材用高密集板（為回
收木材打成木粉後，再高壓壓製成的密集板），上面鋪一層三氧化二鋁
的耐磨層，最大優點就是耐磨，但表層的質感多半仍比不上實木，一坪
3000～8000元為主，但也有破萬元的；另一派是底材與海島型同，用
木夾板，上面鋪一層美耐皿，也就是把塑合板的做法拿來當地板，表面
耐磨但不耐撞，價格較前者便宜，一坪2000～4000元。

實木地板：則是由整個實木製成，最貴，每坪7千～１萬元以上。不同
木種價差頗大。實木的好處就是觸感與質感都很好，有的木種還會散發
淡淡木香，不過保養上需多費心。另外，若沒有選硬木木種，表層較易

常用3類木地板比一比

類型	主要材質		施工方式	價格	優點	缺點 *
海島型木地板	底材：木夾板 面材：實木皮		平鋪	3000～ 10000元	防潮力與穩定性較佳，不易變形	表層多半不耐磨不耐撞，縫隙易卡污；耐磨型則價格較高
超耐磨木地板	Type1 底材：高密集板 面材：三氧化二鋁的耐磨層		直鋪 平鋪	3000～ 8000元	表層耐磨耐撞	質感不如實木
	Type2 底材：木夾板 面材：美耐皿		平鋪	2000～ 4000元	表層耐磨，價格便宜	不耐撞，質感像塑膠
實木地板	全實木		平鋪	7000～ 10000元以上	觸感質感皆佳，還能散發木香	易變形，保養要費心，價格較高

＊ 註：皆有可能被蟲蛀的問題　資料來源：木地板業者

刮傷，不耐撞，防潮力也較差，容易變形膨起。

平鋪法、直鋪法、架高地板的差異
除了材質，我們來看工法上要注意什麼。

若原地板夠平整，最簡單的為「直鋪法」：先鋪層防潮布，再鋪泡棉（但也有研發出一層布就含防水與泡棉功能的），然後直接鋪木地板板材。記得，防潮布一定要鋪完整，每片與每片是交疊放，不能像阿福家的那樣，中間還空個10公分空隙。若家是在較潮濕的環境，最好交疊個20～30公分左右，反正防潮布很便宜，這部分不必省。

若原本地磚不平，或是要下釘的地板，會在防潮布上再加鋪層4分木夾板，然後才鋪木地板，這種鋪法叫「平鋪法」。

大部分海島型木地板與實木地板板材都採「平鋪法」。鋪設時，多要上膠黏合，也須打釘固定。若碰到偷懶或不認真的工班，在打釘時會沒有確實釘好，日後在企口處（兩片板材銜接的地方）就易鬆脫。

超耐磨木地板比較複雜，若底材材質是密集板，則多半不必打釘、不必上膠（有的板材仍會上膠，才會密合），可以直接鋪在磁磚地板上，不

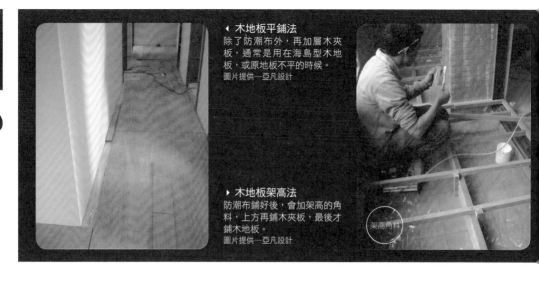

▸ **木地板平鋪法**
除了防潮布外，再加層木夾
板，通常是用在海島型木地
板，或原地板不平的時候。
圖片提供—亞凡設計

▸ **木地板架高法**
防潮布鋪好後，會加架高的角
料，上方再鋪木夾板，最後才
鋪木地板。
圖片提供—亞凡設計

架高角料

TiPS
血淚領悟 123
安全＋第一

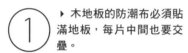

① ▸ 木地板的防潮布必須貼
滿地板，每片中間也要交
疊。

② ▸ 木地板四周要留伸縮
縫約 8 ～ 12mm，視**板
材**不同而定。

會傷到地板。要注意的是，這種密集板的板材，是「不能打釘」的，若
要在上頭放五金配件等，只能用黏的；但若是木夾板底材的超耐磨，則
施工方法與海島型木地板相同。

還有一種是架高木地板，則是在防潮布鋪完後，先加角料，再加4分或6
分木夾板，然後再鋪木地板板材。

未算好高度　造成地板高低差

板材到現場時最好檢查一下，因為姥姥自己在木地板送到時，一拆開來
看就發現裡頭有幾塊的側邊已破掉了，可見送貨時沒有保護好。

木板材在拼接時，大多會用木槌子敲擊，讓木板材更緊密結合，但這一
敲下去，有的底材不是很札實的地板，或是沒有導角設計的地板，或師
傅敲錯方向，板材就易有破角。

自己找工班的常發生另一個疏失，是沒算好地板高度。**木地板採平鋪
者，除了地板板材本身的高度外，還要加上底材夾板的高度。**例如：板

正確
工法

鋪底材
夾板

鋪木地板
板材

③ ▸ 若地板要上膠，請師傅好好處理。在開工前，要跟工頭說好，並用白紙黑字寫下來，若膠黏在牆上，請他們自己清，不清，不付錢。

④ ▸ 地板縫隙大小往往屋主與師傅有不同看法，最好施工前先拍下木地板公司的範本地板，以照片的縫隙大小來驗收，較不會有爭議。

材本身為9mm，夾板為4分（12mm厚），再加上防潮布1mm，總高度就要捉22mm；算這個幹麼呢？若你家客廳是鋪拋光石英磚，臥室是鋪木地板，就要確認好兩者的高度是一樣的。不然就會出現高低差。通常泥作的工班已撤場了，就只能改木地板的部分，會較麻煩。

🔊 **MUST KNOW**
你應該知道

木地板鋪設報價方式

安全◆第一

木地板的施工可請設計師做，也可直接找木地板廠商來做。工費計算方法，各家廠商不同，有的含收邊，有的不含，有的含踢腳板，有的不含，所以要問清楚。像有個品牌的計價方式是連工帶料一坪5200元，但收邊條一條860元，收邊用的矽利康和泡棉條一米100元，這些都是另計的。

一般報價則依不同工法而定。海島型與實木地板報價多是含夾板與防潮布費用；超耐磨木地板則多以直鋪法（含防水布，不含木底板）報價，要加架高或加木夾板，都要再加費用。加夾板一坪加收1000～2500元左右，架高地板一坪加2500～3500元。

與地磚相比，木地板的觸感溫潤，木紋自然，獲得很多人的喜愛，但木地板的問題也比地磚多。姥姥把一些 blog 中網友常問的問題，拿去詢問多位專家達人，集結成這篇答客問，大家請慢看。

Q1 如何預防木板材熱脹冷縮？伸縮縫要留多大？

A 木板材會熱脹冷縮（正確講法是濕脹乾縮），所以要留伸縮縫，且要留得夠大，才有用。伸縮縫有兩處，一是地板與牆面間，大約8〜12mm，視所使用的板材尺吋而定。

另一個伸縮縫是板材間的留縫，會視不同的底材而不同，有的木地板本身就縫較大，約1〜2mm，有的則可達到近乎無縫，但「無縫」只是個「相對」的形容詞，並不是真的無縫，而只是說縫很小很小，還是會有條線的，有時大家對某些名詞有代溝，也很容易起糾紛。

每個人對縫的大小看法不一，屋主往往跟師傅的看法又在光譜兩端。最保險的方法，就是把公司樣品示範中的地板拍幾張照片，選出你能接受的縫隙大小，把照片拿給木地板師傅討論，若做不到這縫隙大小，請不要跟師傅簽約，也請師傅不要施工，以免最後完工後，為了縫隙大小在吵。

▲ 與牆銜接處要留伸縮縫，鋪木板時，先用小木片抵住，之後再上矽利康收邊。

Q2 收邊有幾種方式？常見的問題有哪些？

A 收邊大致有3種方式，一種是不用收邊條，而直接用矽利康塗滿牆角的伸縮縫；另一種是用收邊條，收邊條就有許多樣式了，T字型、一字型、圓弧型、L型等等；第三種就是用踢腳板收邊。

哪一種比較好呢？以工法上來講，有用矽利康收邊就足夠了，其他的收邊條，只是美觀的問題。那只要跟個人主觀美感有關，就沒有好壞；不過，矽利康也要好好打，收邊條或踢腳板也要好好貼。不過就是有師傅粗心，我看過網友家的踢腳板「沒有」貼著牆，也看過矽利康忘了打的，只能說天兵無處不存在，大家要自求多福。

▲ 伸縮縫約 8 〜 12mm，可直接用矽利康收邊。

▸ 收邊條裝好後，也要矽利康收邊，此外，收邊條也可用在異材質或不同地板間的銜接處。

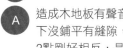
Q3 新做的木地板走過去會發出「啪啪啪」的聲音，是為什麼？

A 造成木地板有聲音的原因滿多的，1.可能是木地板底下沒鋪平有縫隙，2.是板材鬆脫沒有緊接，3.是與第2點剛好相反，是板材接得太緊而造成，4.是伸縮縫沒有留夠。

常有屋主一直要求接縫要小，最好無縫，或者是四周的伸縮縫也要小，覺得有縫不好看。但木地板是活的，活的意思是會脹縮。它會隨著濕氣不同而產生內在變化，所以有伸縮縫才能讓它盡情舒展，若伸縮縫留得不夠，讓木地板直接與牆壁緊貼，或板材彼此推擠，就易產生膨起或腳踏有聲的情形。

若發生木地板有聲音，則可請師傅重鋪，點交時尤其要注意進門處，還有異材質交接處，如磁磚與木地板銜接的地方，都較易產生聲音。

▲ 有的板材因四周伸縮縫不夠大，加上板材間又是無縫的接法，會造成木板材無處熱脹冷縮，而造成聲響或膨起。

▲ 進門處的木地板，較易產生聲音，要特別注意。

Q4 木地板壽命多久？

A 木地板多可用10～30年，主要是看品牌與產品品質，而非關超耐磨或海島型，有的海島3年就會彎曲，有的海島可撐30年，超耐磨也是一樣，因為這兩個領域在台灣有太多太多廠商在做，品質差很多。專家們說，只要平日有除濕，多半使用期都很長。但前提是不被蛀蟲侵襲。

蛀蟲是現下木地板的大敵，因為現在板材都是低甲醛，對人很健康，對蟲也很健康，所以犯蟲率比以前是高許多。木地板的蟲有好幾種，但大致分兩種類形，一是蟲卵已在板材中的，到你家後，有了溫暖，也有了水分（因台灣氣候多濕），就會孵化；另一種是外來的，像白蟻，這就是機率的問題，只好找除蟲專家來。

Q5 西曬的房間地板怎樣施工更好？

A 西曬的房子，施工的工法是相同的，不過，若陽光長久照射下，大部分的木板材都會褪色。現在市面上也有出防紫外線、保固10年不褪色的木板材，可以選這種板材。不然，就得窗簾多加塊遮光布，不要讓陽光直接照射到地板。

Q6 木地板的損壞瑕疵有沒有簡易修補法？

A 設計師林逸凡表示，實木地板的小刮傷，稍微打磨上漆即可；如果是海島型，可用地板蠟推一推，就會淡一點；或者特力屋也有賣地板修補劑，可以DIY；如果是大刮傷，就要看你的忍受度。因為生活難免有痕跡，硬是要換的話，一片大約1000元，不過挖一片可能連周遭的木片也要換。瑕疵的那一片是用電鋸挖起，因為企口會被破壞，新的木板必須要用膠黏。不過，因為更換的過程會木屑滿天飛，家具重新歸定位後，房間還要清潔。

抗潮但不耐撞，認識海島型木地板

我很後悔

苦主＿網友小雨

最虛偽！染色海島型木地板，雜木假裝紫檀木

│事件│

當初選海島型木地板時，工班問我們要選什麼材質，師傅一直說紫檀木很好，是高檔木頭，我們查資料也說紫檀是好木頭，就花了較多的錢忍痛下訂。但後來朋友來家裡時，一看，這根本就不是紫檀木。不但木種不對，地板鋪了3年多，窗邊常照太陽的地方還會褪色。

這就是工班說的紫檀木海島型地板，當然，根本就不是。接近窗邊的地方還褪色了。

▲ 鋼刷處理的木地板易卡污
近來很流行鋼刷實木皮，鋼刷處理能使木紋的紋理更明顯，質感與觸感都較好，但缺點是凹凸縫隙多的話，較易卡污，清理上會較不易。

現場直擊

 TiPS

安全＋第一

血淚領悟 123

① ▶ 海島型木地板的表層實木皮，常被染色偽裝木種，若真的很重視木種種類，可要求在出貨單上註明為何種實木，若有糾紛可求償。

海島型木地板是由薄薄一層實木皮與木夾板結合而成，許多業者會把表層原木種的優點強加在海島地板上，例如硬度夠、穩定性佳、防蟲等。不過，耐撞度與防蟲蛀、穩定性、防潮力等，反而是跟底材木夾板與表層漆料品質較有關係。

海島型木地板最常見的糾紛，就是表材木種的名字「不代表」就是用該木種的木皮，也就是說，你看到商品的介紹卡上寫著柚木，但根本不是柚木木皮，而是用雜木或木紋長得像柚木的木種，經由染色處理，讓表面看起來像是柚木的「顏色」。

那好啦，這算是詐騙嗎？沒錯，就是，但也沒人制止，政府也不管，商人更是樂於這麼做。像網友小雨說買到「紫檀木」海島木地板一坪3000多元，這應就是「仿」紫檀木的顏色而已，根據木頭達人的說法，市面上真正的檀木已很少很少，少到你在賣場買到的9成9都不是真檀木；其他柚木、桃花心木、花梨木，甚至橡木等，都有一堆是雜木染色而成的。

那如何判別真假呢？很難，更不可能在看完這篇文章後，大家就有判斷木種或染色板的能力。比較實際的做法，是在出貨單上註明：「採用XX屬的XX實木皮製成表材，若有不實要賠10倍原價予買方。（註1）」然後，請店家蓋個公司印。只要對方願意這麼做，即使我們發現被騙，還可求償。

其實，海島型木地板的表層實木皮的裝飾性大於功能性，因為實木皮的厚度多為100條，也就是1mm厚而已（也有更薄的60條0.6mm，或較厚的200、300條2、3mm）。許多業者會把原木種的優點強加在海島地板上，例如硬度夠、穩定性佳、防蟲等。但是，薄薄一層只有1mm厚的木皮，跟10公分厚的原木是會有些不同的。

根據台大森林系名譽教授王松永的解釋，實木皮的密度硬度耐磨度，的確仍可保有原木頭的特色。不過，耐撞度與防蟲蛀、穩定性、防潮力等，反而是跟底材木夾板與表層的漆料品質較有關係。

註❶：各木種的屬別可上網查詢。

木作，你該注意的事

與泥作、水電比起來，木作多是外露式的，最常有爭議。但得先跟大家講個觀念，只要是手作的東西，是沒有辦法達到百分百完美的，每條直線與橫線都有他們應得的誤差值。當然，大家對誤差值的認定不一樣。但基本上，門縫有誤差是合理的，除非是門片關不起來、或關得起來但會卡到彼此，或者門縫上寬 2mm 下寬 9mm，不用尺量都可「看」出嚴重的歪斜，這些就有問題了，可要求木作師傅再來修補。不然，請把心放寬，不要用顯微鏡檢查木作，這是對待木作應有的態度。

提醒 1 木夾板承重力較佳

木板材常用於裝潢上的有木夾板與木芯板。若需承重的地方，如燈具或冷氣、電視櫃後方，要加6分木夾板，會比木芯板好。但一般畫作等較輕量的掛物，則木芯板也就夠用了，木芯板也用在枱面、層板、壁板、抽屜、大理石底座等處。木板材上方都會印上商檢標章、業者名稱、地址、製造日期與甲醛釋出量為低甲醛F3等級。

▲ 木夾板則是由薄片經高壓壓製而成，承重力較佳。

▲ 木板材上方都會印上商檢標章、業者名稱、地址、製造日期與甲醛釋出量為低甲醛 F3 等級。

▲ 木芯板是最常見的木作工程材料，由小塊的木頭高壓壓製而成。

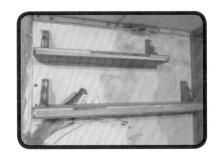

▲ 一般層板也用木芯板來做。

木作門前後要貼4mm夾板

門的結構是四周用角材，前後貼木夾板。一般會用木夾板來做，但也有師傅用木芯板，木夾板較好，較不易變形。因為貼門的夾板都較薄，一般用1分半厚，也就是4mm，但有些師傅會用3mm的，這種門在夫妻吵架時，一跩就會破，不過，一般使用是ok的。所以，若沒有指定要用4mm「足」的，送到家裡的板材可能就只有3mm厚。

另外，門板內會再加角料與支架，一般約30公分以內1支，也有師傅會省料，所以現場監工還是很重要，不然，封板後什麼都看不到。有的設計會再加隔音棉，但別期望太高，因為門下仍有空隙的話，隔音不會好到哪裡去。

做門還有個小地方，就是門擋。有的工班會「忘了」安裝，門擋可讓門不會撞到牆上。

▲ 室內門是以角料為結構，前後再貼覆板材，以木夾板較佳。

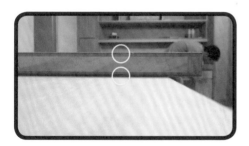

▲ 木作門上下會包 4mm 厚的夾板。

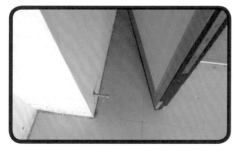

▲ 門後要加個門擋，才不會讓門一開就K到牆。

▲ 現在室內門多是建材行已做好的現貨品，再由木作師傅做表面的裝飾板，最後由油漆上漆。

門框要抓垂直線

加門框最易有問題的地方,是垂直線沒捉好,門框裝歪後,門會關不起來,或關起來了但有點卡卡的。

舊門在拆除時,多少都會敲破旁邊的牆壁,因此裝門框前,得先確定水泥師傅把牆給補回來了。不過,大部分泥作師傅都只做到把牆補回來,並沒有做到「把牆補直」,於是捉水平的工作就得靠木作師傅來做。

一般會在門框與牆壁之間塞一些小木片,之後會再用貼皮去覆蓋縫隙。記得在門框與牆壁之間,要再加矽利康。

▲ 門框的垂直線要捉好,不然,門會關不起來。

窗台木作臥榻易被漏水波及

臨窗的臥榻也是很熱門的設計,市場上沒有統一稱呼,也叫坐榻、坐枱(沒有美女陪的),就在窗下的平台。因深度夠,裡頭可收納,上頭可坐可臥,所以曾有段日子,家家戶戶都設計臥榻,盛行的程度已到沒臥榻就上不了雜誌。

但因臥榻位於最易漏水的窗邊,一旦漏水,木板材會發霉變形爛掉,所以我想現在應有許多人在為家中的臥榻發愁。

臥榻等同是做個較大較矮的櫃子,但要防被漏水波及,在工法上有幾種做法:一是做活動式臥榻,把臥榻切成幾個60公分以下的盒子(長度可視需求而定),在盒下裝滾輪。好處是平常可移來移去,且若窗子漏水時,可以移開來維修。但缺點是,若內部有收納,那可是很重的,不太好移,也不太適合懶惰的人;另外,合併時會有縫,有時會夾到肉。

第二是仍做固定式,但在牆壁與臥榻間加層防水布。不過,師傅們說,若窗邊漏水,水分仍是擋都擋不了,侵犯櫃子,只是時間長短而已。所以,若

▲ 窗下的臥榻,可坐可臥可賞景,許多人都希望家裡也有一個,但不是每戶都有條件可做的。若窗子漏水,維修會很麻煩。

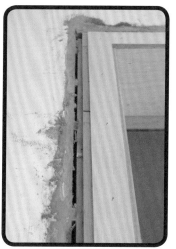

▲ 水泥牆在回補時，常未抓好垂直線，所以木作師傅會塞進小木片去修正角度。

▲ 門框與壁面之間，也要用矽利康補縫，之後再進行壁面油漆工程。

▶ 枱面下常設計抽屜，增加收納量。

你家的窗子年紀較大了，而你們也沒打算換窗，漏水機率比一般高，最好捨棄臥榻設計，因為濕濕的櫃體也容易犯蟲，日後會很麻煩。

)) MUST KNOW
你應該知道

不做天花板，再省一筆

安全＋第一

　　若預算不夠又希望家中有些裝飾效果，可考量不做木作天花板，只加線板，如此就很好看了。當然，若連這線板都可不加更好，線條也頂俐落。在國外許多居家都沒做天花板，也沒有加線板，都很好看。不過，因為沒做天花板，無處可藏，燈具的管線變成要走在牆裡，或走明管，這部分得跟水電與泥作師傅一起討論。

▶ 若覺得不做天花板會太單調，可以加線板，多個造型，但省下不少錢。

油漆工程

你可能會以為油漆不就是擦天花板與牆壁嗎？實際上，木作工程做出來的衣櫃、電視櫃、室內門、地板等都得油漆染色或上保護漆。所以，木作工程做得多，油漆細項也會跟著多，當然，花費就同步提高了。因此，姥姥建議想省錢的人，盡量少做木作工程，這樣後續的油漆工就會減少。

point1. 油漆,不可不知的幾件事
[提醒 1] 天花板有接縫處,批土前要先上 AB 膠
[提醒 2] 批土至少 2 次,會較細緻
[提醒 3] 木作牆銜接處要特別處理
[提醒 4] 木作櫃門片底層也要上漆

point2. 容易發生的 2 大油漆問題
1. 最混亂!噴漆保護工程不佳,配電盤受污,
   音響品質打折扣
2. 最慘白!我可以不要白色嗎?

point3. 油漆工程估價單範例

工程名稱	單位	單價	數量	金額	備註
天花板	坪				接縫批土 2 次 AB 膠 + 打磨刷漆 3 道 ICI 乳膠漆／米白色／色號
窗簾盒及燈盒批土刷漆	呎				
牆面	坪				接縫批土 2 次 AB 膠 + 打磨噴漆 3 道 ICI 水泥漆／藍色／色號
新增門片組噴漆	樘				
客廳電視木皮主牆噴漆	呎				噴透明漆
全室櫃子噴漆	呎				接縫批土 2 次 AB 膠 + 打磨噴漆 3 道 門片六面噴漆
衣櫃門片面噴壓克力漆	呎				
木作踢腳板噴漆處理	呎				接縫批土 1 次 AB 膠 + 打磨噴漆 2 道

油漆滴滴答，家裡到處都是漆

我很後悔

最混亂！
噴漆保護工程不佳，
配電盤受污音響品質打折扣

苦主 1_ 網友貝沛海

| 事件 |

對玩音響的人而言，配電盤的電源接線品質
是很重要的，但很多細節也是裝潢時不太
懂，事後才發現問題大了。我家的配電盤就
是個例子。裝潢時，因油漆工偷懶，沒有包
覆配電盤，害得配電盤被油漆噴得到處都是
漆，當然之後水電工也沒有將端子接合面的
油漆磨掉，結果電源接觸面雜質多，音響的
聲音變得不清楚，定位也不好，真是花錢找
麻煩。

苦主 2_ 網友 Peggy

| 事件 |

房子點交時，我們發現櫃子上有許多白點，
插座上也有一些，連地板上都有許多點點，
問統包工頭，他說這沒關係，清潔時用力搓
一下就好了，結果我跪在地上搓了很久很
久。

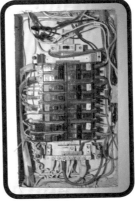

◀▼ 因油漆工未做好包覆，整個配電盤被噴得到處都是油漆。
圖片提供 _ 貝沛海

◀ 即使有貼保護膠帶，還是有些漆掉在保護範圍外。

油漆依上漆方式不同，概分兩大類：刷漆與噴漆。噴漆的表面平滑精緻度較刷漆好，且施工快、乾得也快。但無論是哪一種做法，做好周邊的保護是工班應盡的「義務」。尤其是噴漆，因為霧狀的漆會噴得到處都是。

理論上，我們花錢請人來裝潢，就是希望能換回一個好看的家，但若遇到不細心的工班，他們通常會「附送」許多亂七八糟的。像姥姥家裡第一次裝潢時也是如此，油漆工沒有做好保護工程，地板留有許多油漆點點或黏膠，因為怕得罪工班會亂做，當初也是客客氣氣地問：「那這些噴的殘渣要如何處理？」工頭只回一句：「清潔時會弄掉的啦！」

當然，最後清潔時並沒有乾淨多少，大部分還是我自己用塑膠湯匙（因為這種不會刮傷地板）再加抹布沾松節水，跪在地上慢慢刮除的，心中當然一堆XXX，但當時的我很認命，覺得這就是自己沒錢找工班的必要之痛。

現在，我不這樣認為了。大家一手交錢，一手交貨。只要我在找工班前，把所有要求提出來，你若願意接，就要好好做，若覺得做不到，就不要接；那沒做到，我就不付錢，大家白紙黑字寫清楚。

像油漆工程，做好保護是工班應盡的「義務」，看到沒，是義務！師傅可以把保護的工資算進油漆費用，但請不要亂亂做後，叫我自己清。

嗯，理念的部分溝通完畢，講回油漆的工法吧！

刷漆覆蓋性高，適合深色牆

油漆依上漆方式不同，概分兩大類：刷漆與噴漆。近來採用噴漆的人變多了，噴漆的表面平滑精緻度較刷漆好，不會有明顯刷痕，且施工快、乾得也快，不過有個大缺點，若日後掉漆，要補漆時多半是用刷子補漆，會留下補的痕跡，且滿明顯的。若很在乎這痕跡，也有的人會等掉更多漆後，再全部重新噴漆。若覺得麻煩，就還是得選刷漆。

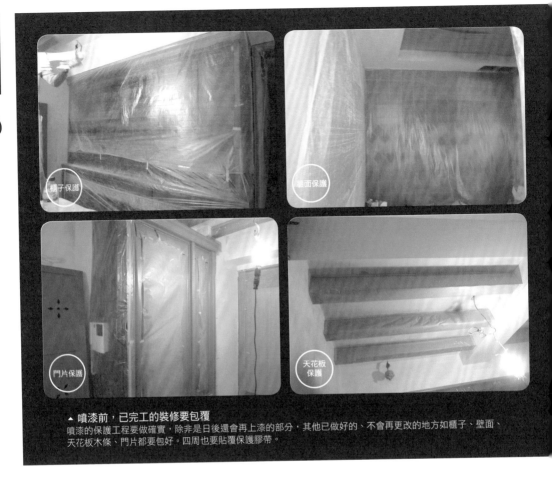

櫃子保護

牆面保護

門片保護

天花板
保護

▲ 噴漆前，已完工的裝修要包覆
噴漆的保護工程要做確實，除非是日後還會再上漆的部分，其他已做好的、不會再更改的地方如櫃子、壁面、
天花板木條、門片都要包好。四周也要貼覆保護膠帶。

刷漆的厚度感比噴漆好，覆蓋性也較好，但會看到明顯刷痕。若原本的
牆面是深色牆，今硯設計張主任建議，還是用刷漆較佳。

費用上看設計公司而定，有的是刷漆較便宜，但也有的是刷漆與噴漆都
是一個價。近年來流行斑駁的仿舊技法，在上漆後，再手工打磨出仿舊
感，但就因為手工多，這種仿舊做法的費用也會較高。

有時，你會發現為什麼都是噴漆，兩家價格差很多，可多問一下，是噴
幾次，批土幾次。

在油漆師傅的行話，批土1次叫「1底」，面漆1次叫「1度」。那到底
油漆要批土幾次刷幾次漆呢？這跟問愛情是否會天長地老一樣，沒有固
定的答案。

▲▲ 噴漆的器具與施作狀況
噴漆時漆會成霧狀般散開，會沾黏到旁邊的一切。右圖為噴漆的器具。

霧狀噴漆

正確
工法

◀ 保護膠帶寬版較佳
右邊是常見的保護膠帶，左邊則是附塑膠帶的保護膠帶，能保護的範圍更大。

基本上，要看屋況、預算以及屋主的要求。若是新屋，牆面狀況不錯，就可能只要1底2度即可，甚至1底都沒有，只要局部補土就好；若是老屋、牆面不平或屋主要求漆面要很平滑，則要2底2度，甚至2底3度。當然價格都不太一樣，所以估價單上可寫明，你希望你家是幾底幾度的。

油漆與泥作都最好是在天氣好的時候進行，油漆前，理論上師傅們都會貼保護膠帶，保護膠帶有很多種，最好選寬版一點的，或是有附塑膠帶的，這樣漆壁面時，地板獲得的保護面積較大。還有要跟師傅講，「我不希望在磁磚地上看到膠帶的殘膠。」這句話很重要，要先講，不然有的師傅會用到很黏的膠帶。

噴漆得特別注意保護工程
選噴漆的人，則要特別注意「保護工程」。因為噴漆是霧狀地將漆噴灑

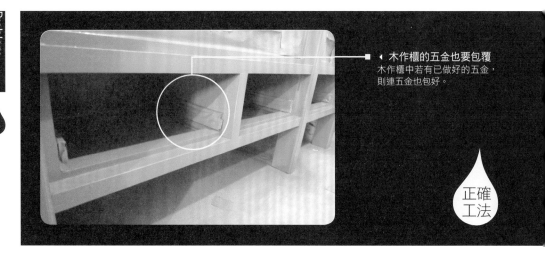

▶ 木作櫃的五金也要包覆
木作櫃中若有已做好的五金，
則連五金也包好。

正確
工法

TiPS
血淚領悟 123
安全＋第一

① ▶ 噴漆的保護工程要做
好，包括插座、家具、磁
磚、壁面、門片、配電箱
等，都要包好。

② ▶ 一般油漆工程新屋是
1底2度，老屋是2底
3度。但仍視屋況而定。

在牆上或木作櫃上，漆會噴得到處都是，所以除非是之後還會再上漆的
部分，如天花板及壁面，可不必包覆；若是已不會再動到油漆工程的壁
面、現成櫃子、地面等處則都要包覆好。另外，插座、配電箱、開關與
木作櫃中的五金等處也容易被忽略，都要好好包好。

至於噴漆與其他工程的排序，基本上，若是木地板工程，可等噴漆進行
完再進場，以免地板被染到；磁磚就沒辦法了，因泥作工班會先進場，
油漆工程時，就要好好保護地板。

噴漆本身工程的順序是木作櫃先（如門片等），然後是天花板，最後是
壁面，但這順序也只是讓保護工程可做少點。只要保護工程做得好，順
序也可更動，如先做壁面，只是進行木作櫃時，則須連已上漆的壁面也
包好，會比較麻煩而已。

我會建議在工班施工前要聲明，若沒做好保護工程而造成到處都一點一
點的，「請你們自己清乾淨」，講清楚，我覺得工班施工時會更細心
點。

◀ 手工仿舊上漆價格較高
鄉村風的櫃子多強調仿舊感，
這是用手工磨出來的，當然，
這種工的工資會比一般木作
櫃高。

③ ▶ 噴漆表面較平滑，但日後補漆易有痕跡，除非整面一起重噴，會較費工。

④ ▶ 最好挑天氣好的時候動工，雨天時要避免開工。

 安全 第一

🔊 **MUST KNOW**
你應該知道

批土後要用砂紙磨平

不管壁面或天花板，批土批完後，要用砂紙磨平，因表面愈平整，上漆後會愈漂亮。那批土的平整度就看師傅功力了，很多在壁面或櫃面上會發現有油漆的凸起，一顆一顆的，或有的地方有破口，多半是批土沒批好。

▲ 批土完後用砂紙打磨，可讓表面更平整。

▲ 批土若沒批平整，上漆後壁面就易出現凹凸不平的痕跡。

233

居家用色，你可以再大膽些！

我很後悔

苦主__網友小倩

最慘白！
我可以不要白色嗎？

| 事件 |

我原本是想在我家用點顏色的，但後來師傅跟我建議，還是擦白色好，若配色配不好會很難看，而且我真的也不知用什麼顏色好，所以我最後還是聽了他的話，但做完後，我就好後悔，白色看起來有點單調，也不溫馨；所以，3個月後，我又去買了些色漆，我覺得，還是上了顏色的空間好看。

這面牆在裝潢好後的第3個月，就從白色變成淡綠色。小倩覺得，雖然又花了一筆錢，但比原本全白的房間好看。

現場直擊

▶ 顏色讓空間性格有所不同
色彩是非常主觀的選擇，應把決定權留給自己，而不同的色彩對於居家心情的影響頗大，可說是相當超值的建材。

與油漆師傅閒聊時，我跟他們抱怨了台灣用色太保守的事，沒想到他們竟跟我說：若遇到沒什麼主見的屋主，他們一定都建議白色。為什麼？因為成本啊！若很多案場全都用同一種漆，他們成本最低，這個案場沒用完的漆，下一場還可以繼續用。

小倩在跟我說她的最後悔時，我喝的柳橙汁差點噴出來。因為這代表她花了一筆錢給油漆工，然後又自己買桶油漆，以不怎麼專業的漆工，花一整個下午的時間重漆牆面。

姥姥因工作的關係，常常得看歐美日等國的家居設計案，或去造訪在台灣的外國朋友的家。我發現外國人的空間用色，比我們大膽許多。也不是說完全沒有白色的空間，但黃的綠的藍的粉的空間比率很高，甚至大紅、大紫、深咖啡等色彩，他們也用得很開心；另外，也沒有小空間不能用深色系的禁忌。在我的網站收錄了許多案例介紹，有興趣者也歡迎來看一下。

與油漆師傅閒聊時，我跟他們抱怨了台灣用色太保守的事，但沒想到他們竟跟我說：若遇到沒什麼主見的屋主，他們一定都建議白色。為什麼？因為成本啊！

 MUST KNOW
你應該知道　　　　　完工後記得留備漆　　　安全+第一

　　不管是用白漆或非白漆，一定要請師傅留備漆。因為光白色也有幾10種，如百合白、天空白、粉白等，每種都有點色差，若不留備漆，日後牆面有破要補漆時，是很難在賣場找到與自家一樣的漆的，所以，記得跟師傅要備漆喔。

▲ 油漆工班撤場前，記得要備漆。

▶ **紫色**
家居用色真的可以再大膽點。像照片中的客廳，用了粉
紫色後，空間變得更有個性。
圖片提供__集集設計

▲ **灰色**
灰色調能讓人心情平靜舒緩，很適合用在臥室。

TiPS
血淚領悟 123
安全➕第一

①

▶ 空間的色彩可以更豐富點，不用只侷限在白色，找
出自己喜歡的色彩，就算是白色也 ok，而不是讓工班
幫你決定。

嗯，講解一下。油漆的報價多半是連工帶料的，而漆又通常是由師傅準
備。因此，若很多案場全都用同一種漆，他們成本最低，這個案場沒用
完的漆，下一場還可以繼續用；但如果每一場都要自己的色彩，且每個
色彩還不同，那一桶擦不完的下次也無法用，無形中，成本就高了，但
給屋主的報價卻不會因換色漆而提高。

於是，在經濟考量下，當屋主問師傅要用什麼色時，他們會建議白色。
師傅還說：「白色也保險，有時你建議用某種顏色，屋主一開始也接
受，但後來塗上去不滿意，就會要你免費幫忙改，無採工（白做
工）。」

▲ **黃色**
單調的樓梯間，塗上鵝黃色後，就好像充滿
陽光似的，溫馨許多。
圖片提供__集集設計

▲ **另一種選擇**
在乾濕分離的浴室，也可以用油漆代替磁
磚，你會有全新的感受。

② ▸ 不要以為白色只有一種，其實還
有不同色差，記得要備漆，方便日後
補漆。

③ ▸ 如果是使用某品牌的色漆，預留油
漆的色號也很重要。

不過，這篇文章要討論的重點並不是用白色是不好的，不管你用什麼顏
色，白色或非白色，都好，因為那都是一種選擇。

我只是想藉小倩的經驗跟大家說，**太相信專業到無主見的地步，不一定
代表你會得到好結果**。有些事，我們可以自己做決定，若擔心自己不會
配色，也可以從設計師或工班建議的色彩來選擇，而不是將最終決定權
交給對方，這樣就不易發生小倩最後悔的事，花錢請人油漆後，還要自
己再花錢買漆來二次施工。

油漆，你該注意的事

在採訪油漆工程時，好多師傅都說得一肚子辛酸。「屋主選1底2度時，我們就提醒可能無法完全平整，他說沒關係，要省錢；但驗收時就說沒漆好要重漆，之前說過的話都不認。」

「噴漆噴完點交後，屋主一個月後說發現有破損，是沒漆好。我們知道那是搬家具撞到的。拜託一下，你不過就想免費再噴一次，有必要這樣誣賴我們嗎？」

嗯，聽他們講時，我是臉紅的，因為我也可能是那個反覆無常、沒辦法對自己負責、就是要占人便宜的屋主；我最後跟師傅建議，請屋主簽切結書，這樣他就不能把責任往外推。但師傅們只是笑笑，我知，我的建議太不切實際，他們為了養家活口，許多事也只能往肚裡吞。

我能儘量介紹工法，但更多事，我也無解。我們只能期待，每個人都有點志氣，雖然自己沒錢，也不會去占別人的便宜。

以下，就是這些好心的師傅願意與大家分享的工法與經驗（你看，人家胸懷多大，都不計較之前的事）。

提醒❶ 天花板有接縫處，批土前要先上AB膠

天花板若有接縫，在批土前要先上AB膠。因為矽酸鈣板在板材與板材之間的接合處有縫，得先上膠封住此縫。上膠後等個一兩天，等膠乾再批土整平表面。線板也是在銜接處要先上層AB膠再來批土。線板難免有接縫，因為一面牆很長，用1～3片接是很正常的，但若交屋後仍看到銜接縫，則是不正常的，可請油漆師傅再重新批一次。

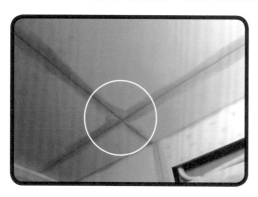

▶▲ 天花板批土前，要先用AB膠黏合縫隙（圖中綠色部分就是上了AB膠）。

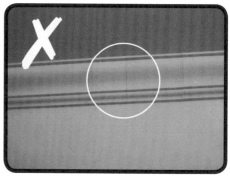

▲ 房子點交時，線板不但可看到多處銜接，還可看到釘槍痕跡，這應是木工完工後，忘了批土油漆的結果。

提醒 2 批土至少兩次，會較細緻

油漆前的批土要幾次才好，得看現場狀況。之前提到了，矽酸鈣板的品質有差，這會影響到批土的難易。師傅建議，批土內最好加白膠，黏合度更佳，但原則上，較細緻的工至少都批兩次。尤其是裝間接燈光者，因為燈光會直接打在天花板上，若有不平整，會很明顯。

▲ 有間接燈光者，天花板最好批土2次以上，因為燈光的關係，不平整處會變得更明顯。

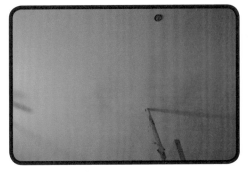

▲ 批土兩次的天花板，表面就平整多了。

提醒 3 木作牆銜接處要特別處理

木作牆或天花板漆好後半年，就發生龜裂或掉漆的情形，可能有幾種原因，一是板材變形，尤其是在兩片板材的銜接面，會因地震而板材位移，造成表面油漆開裂。所以木作牆或天花板在銜接處一定要上AB膠，可減少漆裂機率。

二是受潮，可能牆內漏水；三是未剷除舊漆造成的，有的師傅會直接上新漆，但若舊木材表面未打磨，舊漆的附著力已變差，新漆再漆上去，漆面變厚，反而容易掉漆。

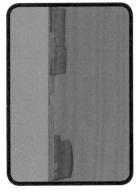

▲ 漆面在木作牆銜接處，很容易裂開。要記得先上AB膠，並將木板表面打磨，可增加油漆的附著力。

提醒 4 木作櫃門片底層也要上漆

木作櫃上漆時，要注意門片是否6面都會漆到。之前就有案例，油漆師傅在看不到的底層就沒上漆。有的櫃子是用染劑去染色，完成後會再加噴一道透明漆，來保護表面。

▲ 櫃子門片要拆下來噴漆，6面都要上漆。

Chapter

裝修保命符 ▶
抓預算＋擬合約

刀口上的錢！老屋花在基礎工程，新屋花在通風採光與格局

當我在網路上為某系列文章命名為「如何與葛優殺價」後，很多工班或設計師會叫，「什麼，妳要教殺價！有沒搞錯。」都希望能跳過此章節；但是，矇著眼睛不代表事情就沒發生，我覺得迴避只會讓市況更加惡化，許多屋主都有「看到報價單要打8折」的直覺式反應，真的，與其放任我們自己亂殺價，或者不肖的業者亂喊價來引誘我們，不如，讓我們正視這個問題。

在跟大家談如何討價還價之前，我們必須先了解自己作戰的大方向，也就是要把錢花在硬體裝修還是軟體布置，尤其是當你錢不夠時。

先講好，裝潢預算怎麼分配，在此提出的是我個人淺見，並不是問了一堆人後得出的結果。目前大部分的設計師或媒體，是教人花錢在裝潢上，家具再慢慢買。但我的看法有點不一樣。

預算怎麼分配，得先看是老屋還是新屋。

新屋派—錢要花在格局、動線、通風與採光

建議把錢先改格局動線通風採光。我知道許多人會說要省錢的話，不要動格局；但是，我看過有百萬裝潢的家卻熱得要死，不開冷氣住不下去；不然，就是像我自己的家，第一次裝潢的動線不佳，一直在家裡繞來繞去，真的很痛苦。

相信我，屋子只要有好的採光與通風，好的動線，就算室內什麼裝潢都沒有，你還是會住得很舒服。

採光通風的設計只動用到拆除、水電與泥作（有的因採光通風已經很好了，也可能完全不需要花到錢），就可以把剩下來的錢，一半以上留給家具家飾品了。有人可能以為姥姥寫錯了，是給裝潢吧，不是的，其實很多你們心嚮往之的居家照片，都是靠家具與一堆（一定要有一堆哦）擺飾營造出來的溫馨感。

我採訪過上百個案子，許多設計師在安排拍照時，也是會帶一卡車的東西去「布置」，幹麼布置？就是因為空間要有個氛圍，絕對是靠家具擺飾，而不是裝潢。

所以，把一半以上的預算給家具與家飾品是必要的。

家具與擺飾才是空間的主角，也是與我們真正有互動的東西，要多撥點預算給它們。
圖片提供__集集設計

我知道很多書（包括我個人）都教大家沒錢時，慢慢買家具就好。但我與那麼多屋主聊過後，非常清楚，很多人是一輩子就只有在買新家時，才會忽然對家具有狂熱症，歇斯底里一陣子後，就變成切八斷的拒絕往來戶，若你家也是這樣，那還是一次就買得差不多吧，剩兩成日後慢慢添購即可。

老屋派─錢要花在基礎工程，強健家的體質

老屋比較複雜，以前10年屋齡叫老屋，但現在有的15年的房子也還壯得很，完全看建商的道德在何種層次。所以，老屋多少年算老屋，真的要視狀況，但25年以上的還是全換了再說。

老屋就優先把錢放在基礎工程，基礎不包括木作美化工程哦，基礎是拆除、改格局、改通風採光、換水電、鋁門窗、冷氣、換廁所與廚房，也就是錢多半是花在看不到的地方就對了。地板我是建議要換的還是換，因為這種工程需要清空室內，若你搬進來後再重改，一堆家具還要再搬出去，勞民傷神，不如就在裝潢時，一次做起來。

該換的都換了後，若還有錢，再來做木作美化工程或買好的家具；若沒錢了，就要以時間來換取空間，先用比較不好的家具撐一下，等我們有錢了，再來換家具。

若錢不夠，天花板可不做，電視櫃可不做，間接燈光可不做，不必要的隔間牆不做，沒有遮光與遮隱私的窗簾都可不做。當我們沒錢時，就要承認買不起BMW740，而要在Vios與Tiida間做選擇。

拿車做比喻大家比較瞭，若車廠讓你用Vios的價格買到BMW740，還是全新款，我想小學有畢業的都能知道裡頭有問題。同樣的，老屋翻修就是要花比較多錢的，30坪若想找設計師設計、全屋水電到衛浴廚房地板全換新，再加木作美化工程冷氣與家具，沒有個200萬很難做起來，但若工班跟你說，100萬可搞定，你認為裡頭品質會不會有問題？

好，大方向捉出來後，下篇我們進入實戰篇，怎麼比價！

葛優、金城武誰便宜？其實，最便宜、中間的、最貴的都不對

POINT 02

在講比價原則前，還是得有個觀念，感覺上，好像是我們拿著估價單要去比價，但還要看你想找怎樣的設計師，我跟各位講，有的設計師或工班，根本輪不到我們比價，你要比價，他們連估價都不願估；所以若遇到這種設計師，是我們去求人家，若他不想接，我們連要讓人家賺的機會都沒有，更別談比價了。

不過，這樣境界的設計師或工班都不是我們沒錢的普通人能遇到的，所以，還是來看看怎麼比價好了。

比價有個至高無上的心法，大家可以跟著唸一遍：**「合理的利潤要給人家賺！」**真的，你讓別人賺合理的利潤對你自己也好，師傅們不會偷工或減料。但若他們仍偷工又減料怎麼辦，放心，只要好好簽約與寫估價單，就算發生了憾事，也能討回公道。

〔原則一〕 最便宜的，而且便宜很多的，要當心
在反詐騙裝潢監督聯盟網或mobile01論壇上，可以看到許多苦主都是一開始選了最便宜的，接著就被一路追加的預算逼到快發瘋；像有個案例是20萬元接單，最後被追到120萬了，還沒做好她家。

現在真的有許多詐騙集團混在設計師裡，先用超低價引誘你，然後再來追加預算；這裝潢工程一旦動工，就像女兒被綁架，你若不肯追加，這些爛人就只做一半的天花板，一半的地板，半恐嚇地說要罷工，那你看在房子的份上，就會一直妥協。等到真的妥協不了，對方停工，你要再找工班也很麻煩，也可能會找不到工班願意接手，最後只有人財兩失。

所以，若你找3家估價，有一家比別家都便宜3成以上，100萬的工程只估70萬，那這「可能」就有問題，要慎防。

〔原則二〕 便宜不一定不好，貴的也不代表就一定好
我朋友的實例，他家冷氣工程設計師估20萬，他實在沒辦法付，就找了隔壁冷氣行，結果15萬做起來，原也擔心會有品質的問題，但後來都沒問題，可見便宜也不

比價最多只能比建
材，但設計美感是
無法比較的。

一定不好。

另一個是新聞案例，花了550萬元裝潢，最後天花板還被裝了黑心的氧化鎂板，所以貴的也不一定就沒問題。

那原則二不是就又與原則一牴觸嗎？哇，真是聰明的讀者，沒錯，原則一與原則二是衝突的，因為，現在裝潢市場真的很亂，比價很難有個準則。所以最重要的是下一條法則：

〔原則三〕 不能照總價打8折，要列出建材與工法，一項一項來看

許多人，包括早年不懂事的我自己，都是這樣在殺價，這是亂殺；這種殺價就別怪師傅偷料，因為師傅也要吃飯喝水抽根小菸，也要養房子養小孩兼小三，沒有利潤怎麼可能活下去。

而人為了活下去，就只好硬著頭皮接案，然後小小地偷工減料，最後慘的人是誰，當然是屋主。但這能完全怪對方嗎？我覺得亂殺價的人也要負點責任吧！

對，你可以說他可以不接啊，但這世上，不是每個人都活得很容易，若是的話，你自己現在就不會在亂殺價了。

而且這種殺價法還會造成惡性循環。工班也直覺認為屋主會砍價，在估價時，就把價格先抬高個3成讓你砍。於是，屋主不信任工班，工班也不信任屋主，好啦，再重複我常講的經典名言：兩個最沒錢的族群就這樣互相廝殺，最後誰都沒了好處。

為什麼大家不好好來看待這個問題，我們慢慢來把一些制度建立起來； 設計師與工班別怕，因為價格越是透明，越能讓好的設計師與工班出頭，因為好的工法與設計，本來就應得到更好的收入與社會地位。 君不見某些知名中醫，看一次就要3000元，門口還是大排長龍。

那若不能打8折，要如何比價呢？答案是要把建材規格與工法都列出來，一項一項來看。怎麼列，怎麼寫，下一回合來談。

POINT **03**

列出建材與工法，
分開計價一項項比

我們來續談如何「一項一項比」。首先，建材品牌、尺寸規格與工法一定要寫。估價單上很多項目都只寫「一式」。這種寫法，會讓你無法知道工班到底會怎麼做，日後容易有糾紛。而且把規格開出來後，就比較不容易被騙，也很好比價了！因為那些能以超低價搶單的設計師，通常就是偷工偷料出來的。

姥姥拿個朋友例子給大家參考。她家是33坪老公寓全室換水管，A家估4萬5，B家估2萬8，怎麼同一空間差那麼多。我們來看兩家的細部規格（下表），除了熱水管的規格不同外，B家沒有主幹要粗分支要細的差異尺寸，後來朋友選了B家，水管工程就出包了（為什麼水管要分粗細，可看水電工程第92頁）。

CASE1. 33坪老公寓全室換水管

	A家	B家
熱水管規格	保溫型不鏽鋼壓接管	一般不鏽鋼壓接管
水管尺寸	主幹為 6 分，支幹為 4 分	未分主支幹，都是 4 分
總價	4 萬 5	2 萬 8

再來看一個油漆的例子。30坪老公寓全室油漆，A家是估3萬5，B家估2萬4，來看細項（下表）。兩者一比就可知，上漆的道數不同，油漆的種類也不同，但後來問B家若等同A家的規格，B開3萬元。朋友就選了B家來做，最後品質也很好。

CASE2. 30坪老公寓全室油漆

	A家	B家
批土	2 次	2 次
面漆	3 道	2 道
漆法	部分刷漆部分噴漆	部分刷漆部分噴漆
漆料	ICI 乳膠漆	水泥漆
總價	3 萬 5	2 萬 4

以上兩個案例讓我們學到什麼？對，比價原則第二條：便宜不一定不好，貴的也不代表就一定好。

嗯，只講觀念也沒用，我們實際點，來看怎麼寫。先來看個最容易有糾紛的版本（見右頁上圖），看到沒，除了單位數量與總價外，用了什麼料都沒寫，尤其是天花板，到底是用矽酸鈣板還是黑心的氧化鎂板？什麼牌子的矽酸鈣板？都沒註明，只要你在估價單簽了名，日後若有糾紛就不一定能贏。

廠牌/品名 DESCRIPITON	編號 PATTERN	規格 SPECIFICATION	單位 UNIT	數量 PTY	單價 PRICE	合計 AMOUNT	備註
木作工程							
客餐廳天花板			坪	9	3800	34,200	
房間天花板			坪	7	3800	26,600	
廚房天花板			坪	2	3800	7,600	
電視牆			尺	7	1800	12,600	

▲ 沒標明建材細項與等級的估價單

估價單，寫清楚點好！

以下是我自己擬的改良版估價單，參考了幾位網友與自家的估價單版本。註明各項要寫的重點，包括建材種類與工法。以拆除、水電、泥作的部分為例（見下表），重點在右欄，也是估價單精華之所在。

拆除+水電+泥作估價單

工程名稱	單位	單價	數量	金額	備註
拆除工程					
原有磚牆拆除	Ⓐ坪或㎡		Ⓑ坪		Ⓒ臥室隔間牆整面拆 廚房牆局部拆 Ⓓ不得拆到結構牆
全室磁磚拆除	坪				Ⓔ地磚拆除含剔除舊水泥見底 含前後陽台、廚房壁地面磁磚
衛浴壁地面磁磚拆除	坪				地磚拆除含剔除舊水泥見底 Ⓕ不得拆破排糞管
全室舊有門窗拆除	Ⓖ處或式				大門、室內門、全室窗，連門框窗框都要拆 Ⓗ保留後陽台門 Ⓘ窗框拆除時要連內角水泥層一起剔除
保護工程	式				地坪幾坪，櫃體與廚具或衛浴設備保護 Ⓙ要鋪 2 層保護層，含瓦楞板及 1 分夾板
水電工程					
新增專用迴路	迴				Ⓚ含冷氣 3 迴、廚房 3 迴、浴室 2 迴等 Ⓛ漏電專用迴路，要用漏電斷路器
全室電線更新	式				Ⓜ 220V 用太平洋 5.5 平方絞線 110V 用太平洋 2.0 實心線
泥作工程					
客廳地磚材料費	坪				Ⓝ 60X60 公分／義大利製／XX 建材經銷／普羅旺斯系列紅色

估價單說明

ⒶⒼ 單位：有的人會喜歡用「平方公尺」為單位，而不是用「坪」。因為平方公尺較小，單價會較便宜，搞不清楚的屋主有時會被呼攏過去。另外，前面說過不要寫一式，但有時沒有單位，且區域範圍清楚者，像陽台拆除鐵railing，就寫一式，也是可以的。

Ⓑ 數量：也要再 check 一下，有些不肖設計師會灌水。但地板用料會比你家實際大小多個 2 ～ 3 坪，是當廢料或備料來計算，是合理的。

ⒸⓀ 範圍：客廳、臥室或廚房要註明，以免記憶不好的工頭漏了做。

ⒹⒻⒽ 例外事件：哪些不要拆或不要動的，可特別提醒，如結構牆、排糞管等等。

ⒺⒾⒿⓁ 工法：希望怎麼做，如拆地板時，因是鋪拋光石英磚，要註明剔除到底；保護工程要鋪兩層，要用夾板等，不然，有的師傅就不鋪給你看。

ⓂⓃ 建材：凡建材都要指明品牌與規格，如電線指用太平洋電線，以及 110V 用 2.0 實心線；磁磚的規格則要寫明尺寸產地系列名稱，如 60X60 公分／義大利製／ XX 建材經銷／普羅旺斯系列。除了寫品牌與規格，最好後方還附樣本或照片，尤其是布料、壁紙。寫得越清楚，這樣就不易被掉包。若真的被掉包了，拿這張去打官司，保證勝勝勝！

當然，我不是鼓勵大家上法院，那的確很麻煩，主要是這樣寫，設計師或工班會知道「你要的是什麼」，好好做，就不易亂來。

工與料分開計價好處多

在討論估價單如何寫時,有位網友Ben提供了很好的經驗,他是把工與料分開來計價,來看看他的案例。

設計監工費真的要獨立報,我之前也貪過便宜,很後悔,只看總價,設計監工費說是含在每一細項中,乍看很開心,結果所有材料只能就設計師挑來的選,牌子根本是你查不到滴。

我自己看上的建材或質疑報價太貴,總被以報價含監工設計,你不能直接比而被打槍;衛浴硬是指定一些品牌,結果五、六年後要維修,找來代理商才發現是絕版庫存貨,是沒維修備料的。是啦,風格是我要的沒錯,但唉……

後來,我又遇到一位設計師,他是工與料分開計價,設計與監工費用獨立另外計算,雖然有點貴,但每一項建材只要你不嫌累,都可以換!例如,浴室地壁磚30×60一片400元,你可換成找250元的,或說「嗯,400元好,那指定我要叫的品牌。」

姥姥認為這位網友Ben真的講到了重點,是滴,設計監工費要分開算,工法與材料也要分開,不過要小心,別因分開算而造成總價變高,來看一下他的估價單。

工料分開的估價單

三	泥作工程					
1	全室砌1/2B磚牆	43	m²	950	40850	
2	上項1:3水泥粉光	86	m²	500	43000	
3	全室地坪整平粉光	72	m²	550	39600	約3cm
4	浴室地坪墊高15cm	5	坪	1900	9500	不含面材
5	浴室/廚房地坪及牆面防水工程	1	式	23000	23000	
6	浴室地坪貼石英磚	10	m²	850	8500	
7	上項材料	64	片	300	19200	30x60cm
8	浴室牆面貼石英磚	36	m²	650	23400	
9	上項材料	244	片	300	73200	30x60cm
10	廚房地坪及局部牆面貼磁磚	10	m²	850	8500	
11	上項材料	53	片	300	15900	30x60cm
12	後陽台地壁面貼石英磚	12	m²	550	6600	

能隨著居住者一起共度歲月的住宅，
具有更令人無法抵抗的魅力與風貌。
————日本作家松井晴子

圖片提供——集集設計

看到了嗎？泥作中貼磚的工費與材料是分開算的（見紅線），這樣若覺得材料貴，就可換材料。

工料分開計算，3大實踐法則

工與料分開的方法好處很多，但多位網友「實踐」時，遇到一些問題，姥姥講一下怎麼解決。

〔問題1〕 被工班及設計師認為是奧客

這個很好解決，因為我說過這是誰求誰的問題，只要是對方想接案子，就會照你的要求去做；若是你一定要對方做你家，那你就得妥協。

〔問題2〕 有的工班不會開這種估價單

這也不能怪工班，有的工班是真的連打字都不會，而且他也真的不知道若不含料以後，自己的工費怎麼算；那很簡單，你就還是請他把建材規格寫出來，這樣多少就有參考價值了，我們也不必強人所難。

〔問題3〕 發現建材被浮報價格

這很常發生，因為工與料分開後，許多設計師與工班還傻傻地照之前的獲利在亂報價，把部分建材開個一倍價給屋主，尤其是低價的建材，像落水頭、燈泡、面板插座等等。因為低價物品多個一倍價，也不過就是多幾百元，不痛不癢。

不過，這也不一定能怪工班或設計師，要先問問你們自己，有沒有付設計費、監工費，若沒有付以上費用或者殺價殺得離譜，他們自然就只好從工與料的部分再賺點回來，不然他們吃什麼？而且，這世上沒有人會願意做賠本生意，許多工班做到一半會落跑，就是因為沒有賺頭，要虧錢做，那何必做下去，直接跑路比較快，不是嗎？

看懂估價單，教你打對算盤，按對計算機

POINT 04

姥姥很欣賞某位室內設計總監，她說：「我都叫客人去比價，我跟妳講，不比價的客人反而之後容易嫌東嫌西，心裡不踏實；比過價還會回頭找我們的，合作過程就非常愉快，因為他們能懂我們好在哪裡。」

能有這種自信與胸襟，我覺得她也是設計界的異數。

真的，設計師們要有自信，不要怕被比，也不要指責屋主比價，因為貨比三家本來就是正常人類的天性，像松青、全聯、頂好等超市，就常被比價，但也沒哪一家被比倒了。

嗯，我好像又講太多在天空飛的東西，還是落回凡間吧。來，我拿個例子，大家會看到同一個房子的2份估價單，從裡頭可以看出不少端倪，也可以更具體地進行實際的比價。（若覺得比價看得很累，也可直接翻下一頁看結論。）

估價單1──拆除

以下是工班師傅報價拆除9萬，設計師報價是7萬元，以拆除來看，雖然內容一致（寫的可能不太一樣，但拆的內容是一樣的），設計師的報價反而便宜。

師傅的報價單

設計師報價單

拆除與泥作工程	單位	數量	單 價	金 額	規 格 說 明
壹 拆除工程					
01 客餐廳與臥室地面地磚剔除見底	式	1	25000	25,000	
02 玄關壁磚,鐵窗拆除,洗衣間地磚剔除	式	1	12000	12,000	
與洗衣間女兒牆切除,鐵窗拆除					
03 浴室(A+B)地壁磚剔除,衛浴設備拆除	式	1	14000	14,000	
04 廚房原隔間牆拆除,地壁磚剔除	式	1	12000	12,000	
與廚具設備拆除,儲藏室開門孔					
05 全室鋁窗,門組,舊家具拆除,壁癌剔除	式	1	7000	7,000	
*以上拆除含清運費			小計	70,000	

估價單2──水電

水電的部分，師傅報價6.5萬元，設計師12.4萬元。這個價差就很大了，一樣，屋主的要求是一樣的，但為何差那麼多？

首先，師傅的報價比較籠統，沒有寫細節，他是全室看過一遍後大概抓個數字。但也可看到他寫2.0與5.5規格的電線，「口頭上」有講用太平洋的（後來實際上也是用太平洋的，這位師傅還不錯）。

設計師的估價就仔細許多,可看到許多做的東西,我們扣掉其中的燈具與新增開關的部分,因為師傅中的報價中不含新增燈具。總報價也要9.7萬元左右。

工班報價單

設計師報價單

課	水電工程					
01	室內弱電控制箱線路更新整理	式	1	8000	8,000	
02	新增插座線路	迴	5	1200	6,000	
03	新增燈具線路	迴	2	1200	2,400	
04	新增插座出線口	口	34	600	20,400	
05	新增電視插座出線口	口	3	1000	3,000	客廳*1/主臥室*1/孝親房
06	新增電話插座出線口	口	3	1000	3,000	客廳*1/主臥室*1/小孩房
07	新增網路插座出線口	口	3	1000	3,000	客廳*1/主臥室*1/小孩房
08	新增廚房電器櫃專用線路	迴	1	2000	2,000	
09	室內電鈴線路移位	處	1	400	400	
10	新增位移開關出線口	口	11	600	6,600	
11	新增開關配線	切	11	600	6,600	
12	新增燈具配線	邁	45	400	18,000	
13	弱電與開關面板材料費	式	1	8000	8,000	國際牌星光系
14	新增浴室A暖風機專用迴路	迴	1	2000	2,000	
15	新增冷熱水管出口	處	4	3000	12,000	廚房*1/浴室A*2/浴室B
16	新增冷水管出口	處	3	1000	3,000	浴室A*1/浴室B*1/洗衣間
17	新增地板與牆壁排水管出口	處	8	2000	16,000	浴室A*3/浴室B*2/洗衣間*2/廚房
18	熱水器冷熱水管更新	處	1	4000	4,000	
19	對講機移機	式	1	另計		
				小計	124,400	

報價單3——泥作

再來看泥作的部分,乍看之下,師傅報24.14萬元,設計師報26.3萬元,差不多,但細項有差,師傅報的是貼拋光石英磚,設計師報的是金屬磚,但兩者在工法與磚料的價格竟差不多。還有師傅的坪數錯了,鋪拋光磚的區域是11坪,用料約14坪(這是多算要當廢料的),所以,幫師傅調整過後,公共區貼磚工錢為2.64萬,料為一坪2520×14=3.528萬,所以師傅的加起來,為16.3萬左右。

設計師的部分則要減去前後陽台(玄關與洗衣間)的壁磚費,與臥房的泥作部分,還有大理石門檻少兩支,因以上項目在師傅版的沒算到,所以總價約20萬元。

整體看起來師傅較便宜,但其中,浴室貼磚的費用,師傅是共3萬元,設計師是2.6萬元,反而設計師便宜;但在防水處理上,師傅報8千元(一間4千),設計師要1萬5000元,因為設計師說用的是進口防水膠,品質較好,所以貴。

工班泥作報價單

設計師泥作估價單

貳	泥作工程					
01	剔磚牆面水泥粗胚	坪	21	1650	34,485	浴室A
02	臥室地坪水泥粉平	坪	10	1650	17,160	主臥室,
03	玄關貼壁磚工資	坪	4.9	1650	8,085	
04	公共空間地板貼金屬磚工資	坪	11	2500	28,500	
05	浴室A+B貼地磚工資	式	1	8000	8,000	
06	浴室A+B貼壁磚工資	坪	11	1650	18,480	
07	洗衣間貼地磚工資	式	1	8000	8,000	含
08	臥室地坪水泥粉平防水處理	式	1	8500	8,500	主臥室,小孩房,孝親房/導
09	浴室A+B,洗衣間地板防水處理	式	1	15000	15,000	含牆壁壁癌處理/總圖MICS1
10	大理石門檻	支	4	800	3,200	主臥室*1,孝
11	客廳與小孩房原冷氣窗口砌磚補平	式	1	1500	1,500	
12	新作大門,鋁窗與鋁門框架灌水泥漿填縫	式	1	10600	10,600	
13	水電配管打鑿剔除後牆面水泥修補	式	1	13000	13,000	含牆壁壁癌剔除
14	玄關壁磚材料費	坪	5.4	3060	16,524	
15	公共空間金屬磚材料費	坪	14	2700	36,900	
16	浴室A+B地磚材料費	坪	2.3	2520	5,796	
17	浴室A+B壁磚材料費	坪	12	2160	26,784	
18	洗衣間地磚材料費	坪	1.5	1800	2,700	
				小計	263,304	

實戰比價2大總結

總結1──設計師報價高，不一定全都貴

以這三項基礎工程加起來，工班約9+6.5+16=31萬元，設計師約7+9+20=36萬元；設計師總價高，高約16%，但也不是都貴，有的工法計價反比工班報價便宜。

為什麼？呵呵，我想是工班報價時，很多是概抓費用，這是他們的習慣，有的師傅對要寫這麼細，也覺得很煩。所以，有的抓得多點，有的少點，以長補短。同樣地，設計師報價時，也會以長補短，因為工程的東西很難掌握，總有當初未估到價的地方，又不好一直追價，所以有的貴點有的便宜點。

現在有些設計師為了接案，是「不算設計費」的，因為很多屋主都無法接受有設計費一事；為了接到案子，設計師只好不收費。不過，羊毛終究出在羊身上，設計師還是要生存，沒給設計費怎麼活，所以只好把每項工程費加個3成（看各設計師，也有加1～2成的）；你看，若付設計費是10%，但不付的結果，卻多給了30%（3成），而且你還會跟對方說謝謝。

不過，正因為裝潢設計沒有價格透明化，也沒有像醫師或律師或髮型師，有個定價規則，所以，也有的設計師會收了設計費後，還是在工程費再加個2～3成，這種人也是有的。

像這個案子，設計師已另收設計費了，在工程報價上，多數項目還都比工班報價貴，如電總開關箱要換成匯流排電箱，工班報5000元，設計師報8000元，但換的是同樣的東西，只能說，兩者的工法「可能」不同，設計師的工班可能會做接地，所以較貴。像這種就要清楚是什麼工法，才能來殺價。

但有時，我們畢竟對工法沒那麼熟，我的建議是**選擇一個你最相信且有售後服務的設計師，就算價格差個1成，就當是買保險**；我看過太多人因低價而動心，最後得不償失的例子，找個安心的，雖然貴，但可省下煩心的時間。

我個人也覺得裝潢的服務品質比工法重要，因為裝潢工程變數多，很難沒有一點小問題，所以，願意免費幫你修改到好是很重要的。服務好的成本高，當然，也可能費用會較高。

回家最吸引人的一點，是一種確定感。確定有一扇可以遠眺群山的窗，確定有一方可以完全獨估的角落。
————香港作家歐陽應霽

圖片提供__尤噠唯建築師事務所

總結2——設計師總價高，另一理由是加了許多其他設計

我只把估價單部分貼出來，最後總價設計師估這間33坪的老房子，工程款約140萬元，再加設計與監工費，要花155萬元左右；工班版本是90萬元左右。

但是設計師版本若只照原屋主的要求，我們調整好建材等級後，工程費約110萬元，比師傅版本多20萬元；會有這個結果，有很多是因為設計師自己又加了許多工程進去，例如：電視木作牆的裝飾、造型天花板加間接燈光、浴室隱藏門、玄關牆等，這些都是木作工程，多做一個間接燈光天花板，不是只多天花板的錢，後續的油漆、燈具、開關、電線等相關的費用都會跟著來。

所以，若想省錢的人，要仔細看估價單，可以跟設計師溝通，你不要做什麼。但我也得跟大家説，就算開出同樣的規格，**仍有的設計師會比較貴，請不要就說對方黑心或A錢**，因為設計師也有分等級，不是貴的就是黑心。我拿個例子好了，你去欣葉餐廳叫菜脯蛋，一盤要185元，但在夜市一盤80元，夜市還更大盤，但你能説欣葉黑心嗎？不行嘛，為什麼？因為他炒得好吃，空間裝潢好，當然，若你覺得夜市的也不難吃，就代表這家c/p值高，你可以去吃夜市的。

所以，若設計師真的覺得自己的工班很好很強，就可在工資的部分提高費用，那代表這家設計公司是欣葉餐廳而不是路邊攤。

不過，從屋主的角度來看，估價單只能看出建材使用規格與工資，無法看出工法的好壞，這工法的價格如何評估，很難！除非屋主看得懂施工照，但大部分人都看不懂。當然，你可以打聽口碑，但我個人覺得還是把估價單的規格寫好、把合約簽好，這仍是給自己的最大保障。對了，還有一個，把這本書拿給對方看，指明不要發生裡頭寫的「後悔」事件，這也有點保障的。

掌握5大要點簽合約，
守住你的家，你的錢

常有網友要姥姥推薦設計師或工班，問我是否可把家安心地交給他們？我先要謝謝網友，這代表你們認為我還算個咖，在提問的同時，我能感受到你們對我的信任。

但真的很抱歉，我無法給你們什麼保證。凡事只要牽扯到人，就沒有什麼天荒地老的保證。

我給大家的建議只有兩點：

一、選售後服務好的設計師或工班。
為什麼服務態度比工法重要？因為裝潢過程要注意的細節實在太多，很難百分百完美，找到服務好的，他會負責把你家修到好，你可以搬進去住。

二、簽個好約，註明你在乎的事。
很多人有個迷思，以為簽約就好像不信任對方，甚至覺得不好意思簽約。錯了，**簽約反而是種尊重，是種溝通**。我們不是真的想上法院，但有了這紙合約，屋主與施工者才會「清楚」知道對方在想什麼、注重什麼。

可以告訴各位一個好消息，內政部營建署已推出裝潢合約的定型化契約範本。請上營建署官網下載。不過，這幾年來願意簽此約的設計師仍很少，大家還是會拿到一般的合約。

拿到合約時，你該注意的事
拿到合約時，要注意哪些事？姥姥去跟消基會前董事長謝天仁請教，他也教大家不少招。在此也向謝律師致謝，在百忙中還幫忙校稿。

〔point1〕**要附圖樣與估價單**：謝天仁律師特別提醒，圖樣是很重要的。一定要附設計相關圖樣與估價單，包括平面圖、立面圖等（註1），然後把尺寸、樣式、工法、建材及「任何你在乎的事」，記錄在圖樣或估價單上；若你是跟工班簽約，對方不會畫圖，你也可以自己畫個簡圖，記得一定要畫。

有圖樣與估價單，日後才有依據。不然，只有口頭講講，未立文字或圖樣的合約，若有糾紛，屋主與設計師各說各話，法官也很難斷定誰是誰非。

〔point2〕**追加預算或變更設計要經書面簽字同意，才能動工**：追加預算，是裝潢中常見的事。套用設計師陳君治的話：「裝潢，是種期貨商品，賣的是未來。」既然是期貨商品，自然變數多，許多問題都是「當未來變成現在」時才會發現的。

如拆掉踢腳板後發現有蛀蟲，或者拆掉木作牆後，發現牆壁漏水、滿滿是壁癌，這時就要追加預算來解決問題。

以上追加預算的理由都算合理，比較可怕的，是以下的追加行為。

第一種就是原本就打算來勒索的。他們會先用超低價的報價引誘你，然後一路追加工程，甚至你都還在考慮要不要加時，他們就已經把櫃子做起來，然後，要你付錢；第二種是獅子大開口。尤其是發現漏水時，會趁機亂報價格。

這時，若條約中註明追加的裝潢項目要「書面簽字同意」，屋主就很有保障啦，因為只要你沒有書面簽字，對方硬做的都不算。甚至像漏水，你也可以轉發包給第三者，不必任人宰割。

〔point3〕尾款可多留點：錢要分期付，對自己才有保障。裝潢費每一期要付多少比例，看你和設計師之間的協商。一般尾款都是留10%，但這常鬧糾紛，因為很多不肖設計師或工班會落跑不理你，所以最好能爭取到20%。不過，這也是看誰求誰，若你死心塌地要找的設計師就是定10%，你也得接受！

另外，要註明「驗收通過」才付款，不然對方只要完工就可要求付尾款，還有什麼品質可言。這時之前在圖樣與估價單上寫的建材規格、工法及任何你在乎的事，就可以拿出來當驗收標準了。

〔point4〕防公司倒閉條款：常會聽到設計公司落跑或宣布破產的新聞，若你擔心會遇到這樣的設計公司，謝天仁律師建議，可把設計師個人列為保證人，即使公司倒了，還可以向設計師個人求償。要小心的是，記得核對姓名與身份證字號，因為也曾發生過亂寫的案例。

〔point5〕要定工期、保固期與罰款：定出開工與完工日，以及何種狀況可延期，保固期現行多為1年。這些條款可防工班去接別人的工作，延誤工程或落跑。記得列出延期的罰款金額，如工程款項的千分之一等。

好啦，255頁的書看完了，很累吧！裝潢的確是很累人的事，但辛苦一定有所回報。祝大家裝潢順順利利，與家人，與工班，與設計師都有一次美好的交流。

註❶：設計施工圖樣可包括現場丈量圖、平面家具配置圖、立面施工圖、水電冷氣管線配置圖、電源開關圖、燈具配置圖、廚具圖、衛浴圖、天花板圖、地板圖、建材圖樣與樣本等，以上圖樣須標示尺寸比例尺。

這樣裝潢，不後悔
百筆血淚經驗告訴你的裝修早知道
正確工法大公開，看了這本，問題不再沒完沒了

作　　者□姥姥

校　　對□簡淑媛

美術設計□讀力設計_王儷穎

責任編輯□詹雅蘭

行銷企劃□郭其彬＋王綬晨＋夏瑩芳＋邱紹溢＋黃文慧＋陳詩婷＋張瓊瑜

總 編 輯□葛雅茜

發 行 人□蘇拾平

出　　版□原點出版 Uni-Books

　　　　　Email：Uni.books.now@gmail.com

　　　　　電話：（02）2718-2001　傳真：（02）2718-1258

發　　行□大雁文化事業股份有限公司

　　　　　台北市松山區復興北路333號11樓之4

24小時傳真服務 （02）2718-1258

讀者服務信箱 Email：andbooks@andbooks.com.tw

劃撥帳號：19983379

戶名：大雁文化事業股份有限公司

香港發行□大雁（香港）出版基地·里人文化

地址：香港荃灣橫龍街78號正好工業大廈25樓A室

電話：852-24192288　傳真：852-24191887

Email：anyone@biznetvigator.com

製版印刷□凱林彩印

初版一刷□2012年04月

二版二十三刷□2013年10月

三版二十八刷□2023年 3 月

定　　價□399元

ISBN　978-986-6408-55-7

版權所有·翻印必究（Printed in Taiwan）

ALL RIGHTS RESERVED

缺頁或破損請寄回更換

國家圖書館出版品預行編目資料

這樣裝潢，不後悔 百筆血淚經驗告訴你的裝修早知道，
正確工法大公開，看了這本，問題不再沒完沒了／姥姥著.
-初版.-臺北市：原點出版：大雁文化發行，2012.04／
256頁；17x23公分

ISBN 978-986-6408-55-7(平裝)

1.房屋裝潢 2.建築物維修 3.家庭佈置

422.9　　　　　　　　101004741